S

HISTOIRE

NATURELLE, CHIMIQUE ET TECHNIQUE,

DU SUCCIN

OU AMBRE JAUNE.

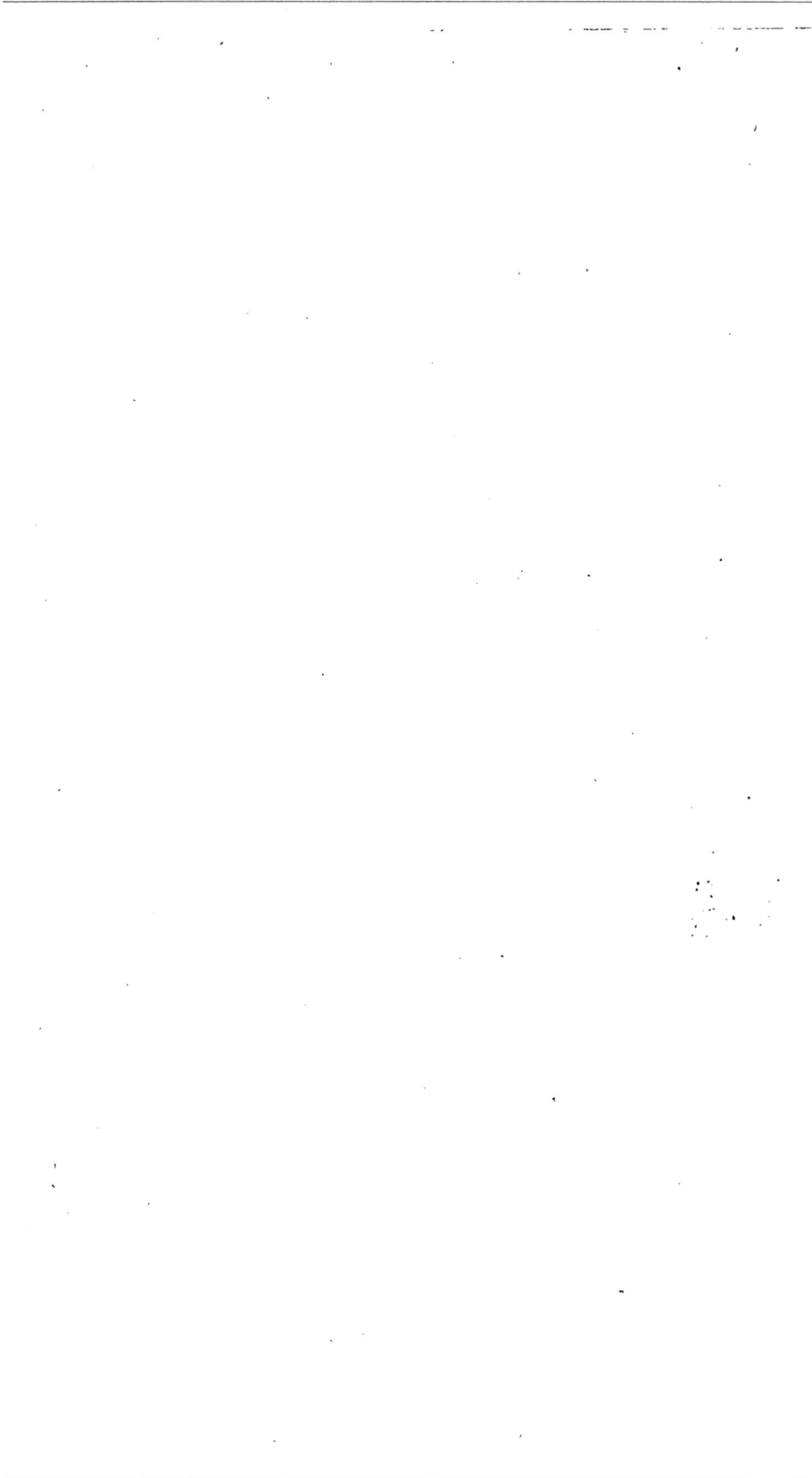

HISTOIRE

NATURELLE, CHIMIQUE ET TECHNIQUE,

DU SUCCIN

OU AMBRE JAUNE;

PAR

J. P. GRAFFENAUER,

Docteur en médecine, ancien Médecin ordinaire des armées ; Membre de la Société de médecine et de la Société médicale d'émulation de Paris, de la Société des curieux de la nature de Berlin, de celle des sciences physiques de Hanau , et de la Société des Sciences, Agriculture et Arts de Strasbourg , etc.

PARIS,

Chez F. G. LEVRAULT, rue des Fossés M. le Prince, N.° 33.

STRASBOURG, de l'imprimerie de F. G. Levrault.

1821.

A Monsieur le Comte

Reinhard,

Conseiller d'État de Sa Majesté très-chrétienne et son Ministre plénipotentiaire près la Confédération germanique à Francfort; Commandant de l'ordre royal de la Légion d'honneur; Membre de l'Académie royale des inscriptions et belles-lettres, etc., etc.

Monsieur le Comte,

Enhardi par vos bontés et par les liens du sang qui vous unissent à mon épouse, liens dont je m'honore infiniment, je me permets de Vous offrir la dédicace de cet opuscule, fruit de mes recherches pendant mon séjour en Allemagne, en Prusse et en Pologne. Veuillez le recevoir comme un faible témoignage de ma haute estime et de mon sincère attachement.

J'ai l'honneur d'être, Monsieur le Comte, votre très-humble et très-obéissant serviteur et cousin,

Graffenauer, D.ʳ Méd.

HISTOIRE

NATURELLE, CHIMIQUE ET TECHNIQUE,

DU

SUCCIN OU AMBRE JAUNE.

AVANT-PROPOS.

Lorsqu'en 1807 les événemens de la guerre me conduisirent en Prusse, je profitai de cette occasion pour visiter le sol natal du succin, et pour faire des recherches sur l'histoire naturelle et la technologie de cette substance. Je recueillis alors un grand nombre de faits et de détails curieux, qu'au retour dans mes foyers je consignai dans un mémoire que j'ai eu l'honneur de présenter à la Société des sciences, agriculture et arts de cette ville, en 1812.[1]

Depuis cette époque, j'ai soumis mon travail à un nouvel examen; je lui ai fait subir plusieurs changemens essentiels, et je l'ai enrichi d'une foule d'observations nouvelles. Je ne crains donc point d'entreprendre une chose inutile en le publiant, d'autant plus que c'est la seule monographie du succin écrite en français.

Parmi le grand nombre de productions naturelles, il n'en est point qui soit d'un intérêt aussi général que le succin : il suffit de rappeler ses caractères extérieurs et ses propriétés physiques, sa pêche et son extraction du sein de la terre, ainsi que ses gisemens et ses localités.

Ce qui fixe particulièrement l'attention,

---

[1] *Extrait des procès-verbaux de la Société des sciences, agriculture et arts de Strasbourg; séance du 4 Mai 1812.*

Le Président invite M. Graffenauer à lire son Mémoire sur le succin..... La lecture de ce mémoire est entendue avec le plus vif intérêt. L'on y remarque surtout une grande pureté de diction, beaucoup d'ordre pour présenter les faits, qui sont liés par d'heureuses transitions, et par un enchaînement précieux d'idées ingénieuses et souvent de vues profondes.

LEZAY-MARNÉSIA, Président; CADET, Secrétaire général.

c'est son origine et sa formation, qui sont tellement cachées, qu'elles paraissent encore aujourd'hui un des mystères de la nature. Beaucoup de savans ont fait des recherches sur le succin, et leurs travaux ont jeté quelque jour sur son histoire et ses propriétés; mais le problème de son origine n'est pas tout-à-fait résolu. Cette solution semble attachée à des connaissances ultérieures sur les révolutions physiques que notre globe a éprouvées.

Le succin n'offre pas un moindre intérêt sous le rapport de son antiquité, de sa grande valeur chez les anciens, de son commerce, de la manière de le travailler, et surtout de ses usages. Il exerce les talens du tourneur et du graveur, qui savent en former mille objets d'ornemens de luxe et d'utilité. Le chimiste, en étudiant ses propriétés et en développant ses principes, en tire des inductions importantes concernant son origine, et en fait des applications utiles aux arts. Enfin la médecine en retire aussi des secours salutaires.

Ce travail se divise en deux parties. Dans la première j'examine l'histoire naturelle du succin, et tout ce qui tient à son origine et à sa formation. La seconde traite de ses propriétés physiques et chimiques, et de ses usages dans les arts et dans la médecine.

PREMIÈRE PARTIE.

Histoire naturelle du succin, son origine et sa formation.

Étymologie, synonymie, classification, caractères extérieurs, espèces et variétés.

Le succin[1] appartient proprement au règne minéral, quoiqu'il soit d'origine végétale. On le range dans la classe des bitumes, c'est-à-dire dans cette classe de substances qui se distinguent autant par leur inflammabilité et leur

---

[1] Le mot de succin, *succinum* en latin, dérive de *succus*, d'après l'opinion que le succin provient du suc d'un arbre. Il a été nommé par les Égyptiens *sacal*, mot qui indique la même origine. Les Grecs l'ont appelé ἤλεκτρον, c'est-à-dire matière du soleil, parce qu'ils le prenaient pour une production de cet astre, ou plutôt parce qu'ils comparaient sa couleur et son lustre à ceux du soleil. Les Arabes l'ont désigné sous le nom de *karabé*, mot persan qui signifie tire-paille. Enfin les Scythes et les anciens Germains lui ont donné le nom de *glessum*, qui dénote une substance vitreuse.

Synonymie des auteurs.

Succinum durius europæum, WALLERIUS;

Bitumen solidum, durum, nitidum, suaveolens, CARTHÆUSER;

Succinum electricum, LINNÉ;

Succin, DELISLE; Ambre jaune, DAUBENTON;

Amber, KIRWAN; *Bernstein, Agtstein*, EMMERLING;

Pétrole combiné avec l'acide du succin, BERGMANN;

Bitumen succinum, WERNER.

combustibilité, que par la propriété de se décomposer en brûlant, et de devenir électriques par le frottement.

C'est le plus beau de tous les bitumes par ses caractères extérieurs. Il se présente en morceaux irréguliers et différemment conformés, d'une belle couleur jaune, qui cependant varie et offre une infinité de nuances depuis le blanc jusqu'au brun foncé. C'est ainsi qu'il y a du succin d'un jaune pâle, d'un jaune de citron, d'un jaune orangé ou tirant sur le rouge foncé, sur le brun, etc. Il y en a aussi de veiné.

On en voit souvent des morceaux qui ressemblent assez à du suif ou à du fromage d'Hollande, à des os cariés; d'autres imitent le soufre, la cire jaune, la colophane, les noix muscades, les jaspes, les agathes, etc. Ce qu'on appelle succin noir ne paraît être autre chose que du jaïet. Cependant Pallas a rencontré auprès de Sysran une substance bitumineuse noire, que plusieurs minéralogistes regardent comme un succin noir plutôt que comme un jaïet [1]. On cite encore du succin bleu, violet, pourpre et vert; mais il est fort douteux qu'il soit naturel. Les

[1] De Gallitzin, Description abrégée et méthodique des minéraux; Neuwied, 1794, in-4.°, pag. 112.

différentes couleurs proviennent fréquemment de la réfraction des rayons lumineux.
L'on connaît d'ailleurs le secret de colorer le
succin, afin de lui donner de la ressemblance
avec les gemmes, et le rendre plus propre à
être employé comme ornement. Nous parle-
rons encore de cet usage par la suite.

Le succin est souvent transparent ou trans-
lucide ; le plus communément il est opaque.
Sa consistance est assez dure et approche de
celle de certaines pierres ; c'est ce qui a engagé les anciens naturalistes à le ranger parmi
les pierres précieuses : cependant on peut le
casser avec assez de facilité. Sa cassure est vitreuse et conchoïde. Il est susceptible d'être
travaillé sur le tour et de prendre le plus
beau poli. Lorsqu'on le frotte ou qu'on le
pulvérise, il répand une odeur très-agréable.

Jusqu'à présent on n'a pas encore rencontré
de succin sous forme cristalline ; mais il n'est
pas invraisemblable, dit Fourcroy [1], qu'il en
existe, et peut-être le trouvera-t-on, comme
le soufre, cristallisé en octaèdres.

Le mellite, ou pierre de miel, que quelques
auteurs ont pris pour du succin cristallisé,
doit être regardé comme un bitume particu-

[1] Système des connaissances chimiques, tom. VIII, p. 248.

lier qui renferme un acide *sui generis ;* il se distingue principalement par sa fusibilité. La lumière éprouve une réfraction double à travers cette substance, et simple dans le succin. Une autre substance avec laquelle le succin est souvent confondu, c'est la résine copal. Pour la distinguer du succin, il faut avoir recours à une expérience indiquée par Haüy[1] et qui consiste à faire chauffer du copal à l'extrémité d'une lame de couteau : il brûle en tombant par gouttes qui s'aplatissent par leur chute ; le succin, au contraire, brûle avec bruissement et une sorte de bouillonnement, et quand il se détache, il rebondit sur le plan où il est tombé. Au reste l'origine végétale du copal est bien connue : son analyse donne des produits différens de ceux du succin, et il n'est point aussi électrique.

La plupart des auteurs n'admettent qu'une seule espèce de succin, dont les différences de tissu, de couleur et de transparence, constituent les variétés. Le professeur John[2], dans ces derniers temps, établit deux espèces de succin, l'une qu'il appelle *succin noble,* et l'autre *succin commun.*

---

[1] Traité de minéralogie, tom. III, p. 333.

[2] *Naturgeschichte des Succins oder sogenannten Bernsteins,* *Kœlln,* 1816.

Cette distinction est fondée sur quelques différences dans les caractères extérieurs et surtout dans la composition chimique. Chacune de ces deux espèces comprend trois variétés, savoir, le succin opaque, le succin transparent, et le succin effleuri.

Corps étrangers renfermés dans le succin.

Le succin nous offre souvent des corps étrangers renfermés dans son intérieur. Ces corps méritent d'autant plus notre attention qu'ils servent à expliquer la formation du succin. Ils appartiennent aux trois règnes de la nature : c'est du sable, de la terre, des parcelles de fer oxidé, des bulles d'air, des gouttes d'eau, etc. J'ai vu, dans le cabinet du professeur Klaproth à Berlin, un morceau de succin qui renfermait une goutte d'eau; lorsqu'on renversait la pièce, on voyait s'en élever des bulles d'air, pendant qu'une petite portion de sable noir tombait au fond.

M. Bauer, tourneur en succin à Dantzick, possédait, en 1807, un morceau de succin fossile de trois pouces de longueur sur autant de largeur, et d'un pouce d'épaisseur, dans lequel on voyait six à huit gouttes d'eau mobiles.

· Mais ce sont surtout des débris de végétaux et d'animaux qu'on remarque fréquemment dans le succin, tels que des feuilles de pin et de sapin, même de petites pommes de pin, des semences, des mousses, des algues, des fucus, des parcelles de roseaux, des esquilles de bois, du bois bitumineux, des impressions de feuilles, d'écorces, etc. Parmi les animaux qui s'y rencontrent, il faut particulièrement citer les insectes, dont plusieurs sont parfaitement conservés, et faciles à reconnaître et à déterminer : on y voit des mouches, des fourmis, des araignées, des tipules, des cousins, des teignes, des scarabées, des papillons et leurs larves, des œufs d'insectes, etc. Il est à remarquer qu'il est très-rare d'y trouver des insectes aquatiques; on y voit plus fréquemment des insectes terrestres, surtout de ceux qui habitent les forêts de pins et de sapins. Dans un très-grand nombre d'échantillons de succin de Sicile, renfermant des insectes, M. l'abbé Ferrara[1] a trouvé que ces derniers étaient, sans exception, non-seulement indigènes, mais de l'espèce la plus commune dans le pays.

Cependant souvent on rencontre aussi dans

---

[1] Mémoire sur le succin de la Sicile; Palerme, 1805. Voyez Bibliothèque universelle, tom. XI, sciences et arts, pag. 46.

le succin des espèces inconnues et nouvelles.
C'est ainsi que le professeur Germar[1], en exa-
minant des pièces de succin avec des insectes,
a cru pouvoir déterminer les espèces suivantes; savoir : la *lebina resinata*, la *criocce-
rina pristina*, la *mordellina inclusa*, le *hyle-
sinites electricus*, la *blatta succinea*, l'*herme-
robites antiquus*, la *phyganalirha vetusta*, etc.

M. Patrin dit avoir vu à Grodno, en 1777,
un vieux chapelet à l'espagnole, dont chaque
grain contenait un insecte différent, ce qui
le faisait ressembler à une sorte de collection
entomologique, et M. de Born assure avoir
observé dans le succin un morceau de zoo-
phyte du genre Gorgonia.[2]

Quant aux vipères, lézards, grenouilles,
écrevisses, poissons et autres animaux qu'on
prétend avoir rencontrés dans le succin, il est
fort douteux qu'ils y existent naturellement;
il est plus probable qu'on les y a fait entrer
artificiellement. Cette espèce de supercherie
est assez commune, de pareilles pièces étant
très-bien payées par les amateurs qui ne s'y
connaissent pas.

Hartmann[3] nous apprend qu'à Dantzick il,

---

[1] *Magazin der Entomologie; Halle*, 1813, *erstes Heft.*

[2] Catalogue raisonné, etc., tom. II, pag. 91.

[3] *Succini pruss. phys. et civ. hist.; Francof.* 1677, p. 96.

y avait un homme qui possédait un morceau de succin dans lequel on voyait un ducat d'Hollande : il vendit cette pièce très-cher ; mais, lorsque l'acheteur voulut en retirer le ducat, il n'y trouva que de la poussière.

Péche et exploitation, gisemens et localités du succin.

Tantôt le succin est flottant sur les eaux de la mer où on le pêche avec des filets, tantôt on le trouve en creusant la terre. La plus grande partie s'obtient de la première manière. Rien de plus curieux que cette pêche. Le moment le plus favorable pour l'entreprendre est celui du calme qui succède aux vents violens du nord, du nord-est et du nord-ouest, assez fréquens dans ces régions. Le succin, par la force de ces vents, est détaché du fond de la mer, et après avoir été long-temps agité et balancé à la surface par les vagues, il est jeté vers les côtes, où il se rassemble dans les baies et les sinuosités du rivage ; là il s'engage dans les fucus qui s'y trouvent. Les pêcheurs profitent de ce moment pour aller à la mer, où ils s'enfoncent souvent jusqu'au cou. Ils y entrent à pied, vêtus d'une cuirasse de cuir, et, en longeant les côtes, ils ont soin de pêcher les fucus.

Pour cet effet ils sont munis d'une espèce de filet qu'ils appellent *Ketscher*, fixé à l'extrémité d'une longue perche. A mesure qu'ils pêchent ces fucus, ils les déposent sur le rivage et retournent de nouveau à la mer. Pendant ce temps, leurs femmes et leurs enfans s'occupent, au bord de la mer, à examiner les fucus pour en retirer le succin.

Les pêcheurs sont des hommes forts et robustes, d'une taille très-élevée, et aguerris contre le froid et les intempéries de la saison.

Les grands ouragans n'ayant ordinairement lieu que vers la fin de l'année, ces gens sortent souvent de la mer tellement glacés de froid et d'humidité, qu'ils sont obligés de faire dégeler leurs vêtemens auprès du feu, afin de pouvoir ôter leur cuirasse. Jamais un d'eux n'entre seul dans la mer; ils sont toujours réunis en nombre, à cause du danger attaché à cette espèce de pêche. C'est un spectacle effrayant de les voir, à l'approche d'une grosse vague, ensevelis pour ainsi dire dans les abymes de la mer; mais ils ont une adresse particulière pour se sauver. Dès que la vague les touche, ils s'appuient sur leur perche et font un mouvement comme pour sauter en l'air : dans le même moment ils sont subitement élevés par la vague, au moyen de la pression qu'exerce l'eau. Lorsque la vague a passé, ils descendent en glissant le long de leur perche. D'autres pêcheurs entrent en mer dans leurs barques, en côtoient les bords et recueillent les fucus. Lorsqu'ils aperçoivent du succin flottant dans l'eau, ils jettent leur filet. Pendant ce temps leurs camarades font avancer la barque à force de rames, et par ce moyen la perche s'élève. Ils déposent alors leur butin dans la barque, et ils recommencent la même opération aussitôt que l'eau est redevenue claire et limpide. L'œil de ces gens est si exercé, qu'ils voient souvent des morceaux de succin à une profondeur assez considérable dans la mer; mais on sait que la réfraction de l'eau fait paraître le plus petit morceau beaucoup plus gros qu'il ne l'est véritablement. [1]

Le succin qu'on retire par la pêche est ordinairement en petits morceaux lisses, un peu convexes, arrondis sur les bords, quelquefois percés d'un trou cylindrique dans leur milieu,

---

[1] Ces détails sur la pêche du succin ont été publiés par M. de Struvé, secrétaire de légation russe, dans le *Taschenbuch für die gesammte Mineralogie*, par Léonhard; 5.ᵉ année, 1811, pag. 51.

ou fixés sur des coquillages, sur du bois, des écorces, du fucus, etc.

La pêche du succin se fait le long des côtes de la Baltique, et notamment à Colberg, à Dantzick, à Kœnigsberg, à Pillau, à Memel etc. Lorsqu'à la hauteur de Dantzick le vent souffle du nord-est, le succin est jeté vers l'embouchure de la Vistule sur le fort de Weichselmünde, et sur les villages de Heuboude Bohnsack, Ostheide et Passewack; s'il vient du nord-ouest, le succin est poussé sur les villages de Stutthoff, Vogelsang, Prépernau, Lippe et Kahlberg. On le pêche aussi auprès du ci-devant petit village de Schmerdorf. Mais les récoltes les plus abondantes ont lieu dans le canton de Samland, depuis Pillau jusqu'à la langue de terre connue sous le nom de *Curisch-Nehrung*. C'est sans doute cette fameuse contrée, ou plutôt cette île formée par la Prégel, la Labiau et les deux golfes de Frisch-Haff et de Curisch-Haff, que les anciens ont appelée *île du succin*, et qu'ils ont désignée par des noms très-variés, tels que *Abalus* ou *Baltia, Raunonia, Glessaria*, baie *mentonomon*, etc. [1]

---

[1] Malte-Brun, Tableau de la Pologne ancienne et moderne; Paris, 1807, pag. 441.

On pêche le succin dans plusieurs autres parties de la mer Baltique, mais en bien moindre quantité. Il y en a depuis le golfe de Bothnie, près des îles Aland, jusqu'aux Belts et au Sund. En faveur des services qu'ils rendent, les pêcheurs de succin en Prusse sont exemptés de la conscription militaire. On les surveille avec une grande attention, pour qu'ils ne détournent rien du produit de la pêche. Cette pêche a toujours lieu en présence de quelques employés du roi, parce que le succin est compté parmi les revenus les plus importans de la couronne, et les employés sont tenus d'en livrer le produit à la chambre au succin (*Bernstein-Kammer*) à Kœnigsberg, où il est trié et distingué en plusieurs sortes, suivant le poids, la beauté et la transparence des pièces. On sépare et on vend à part les morceaux qui présentent aux naturalistes un intérêt particulier. Ce sont les tribus ou corporations des tourneurs en succin à Stolpe, à Dantzick, à Kœnigsberg, qui achètent à la chambre les différentes sortes de succin pour en faire le commerce ou pour les travailler. Les pêcheurs sont payés à raison de la quantité et de la grosseur des pièces qu'ils rapportent. Le produit annuel de cette pêche monte souvent de cent à trois cents tonnes, qui rapportent à l'État plus de vingt mille écus par an. En 1576 on a pêché, auprès de Colberg, une pièce très-volumineuse, qui pesait onze livres. Elle fut donnée en présent à l'empereur Rodolphe II par les habitans de Colberg.

Le succin fossile diffère de celui que fournit la pêche, en ce que sa surface extérieure n'est pas aussi lisse ni aussi arrondie que celle de ce dernier; elle est plus rude et souvent recouverte d'une croûte terreuse ou sablonneuse. Le succin fossile est d'ailleurs dur, et présente, quand il est poli, des couleurs plus vives. On le rencontre en morceaux plus considérables. Il paraît appartenir exclusivement aux terrains de dernière formation, notamment aux atterrissemens sablonneux, mais anciens. On le trouve en petites couches irrégulières et sans suite, ou plutôt en rognons épars, tantôt sous le sable ou dans l'argile, tantôt entre des lits de matières pyriteuses, ou parmi des mines de houille et entre des lits de bois bitumineux. Cette dernière disposition se voit en Prusse, où toute la côte paraît être formée d'une couche non interrompue de bois bitumineux.

C'est dans les dunes ou monticules de sable
situés le long des côtes de la Baltique, et notamment du côté de Dantzick et de Kœnigsberg, au canton de Samland, qu'on rencontre
le plus fréquemment le succin : c'est là proprement sa véritable patrie. Il est inconce-
vable quelle immense provision la nature y
en a cachée; car depuis deux à trois mille
ans qu'on le recueille dans ces lieux, on
ne s'est encore aperçu d'aucune diminution
sensible.

Les dunes sablonneuses dont je viens de
parler, sont, à quelques endroits, élevées de
plus de 200 pieds au-dessus du niveau de
la mer : elles sont la plupart stériles, sans
aucune végétation, ou couvertes çà et là de
quelques sapins; il y en a cependant aussi
qui offrent un terrain fertile, entrecoupé de
riches prairies, comme, par exemple, à Ro-
thenen et Palmnicken.

Tous ces monticules sont, dans leur intérieur, formés de différentes couches plus ou
moins horizontales. Au-dessous du sable on
voit communément une terre ferrugineuse
jaunâtre, remplie de cailloux; vient ensuite
une terre végétale noirâtre, entremêlée de sable grossier, dans laquelle on trouve le bois
bitumineux avec des efflorescences pyriteuses

et vitrioliques : le succin est placé immédiatement au-dessous ou à côté.

Souvent on en rencontre des morceaux épars à trois ou quatre pieds dans l'intérieur de la terre[1]. Mais le plus beau succin n'existe qu'à une profondeur de cent pieds environ.

On gagne le succin par des puits et des galeries, selon toutes les règles de l'art des mineurs, et on pousse les travaux en allant de la mer vers l'intérieur du pays. Il y a une exploitation suivie et régulière près de Kœnigsberg, notamment à Groshubenicken et à Warnicken, à peu de distance de la mer. Cette exploitation, qui se fait pour le compte du roi, ne date que de cent cinquante ans; elle fut commencée sous le règne de l'électeur Fréderic-Guillaume.

Un des puits a plus de cent pieds de profondeur. On y a trouvé le succin enclavé entre deux salbandes de charbon ligneux, auquel il était souvent si adhérent que plusieurs morceaux contenaient d'assez grosses parties de charbon. Il y est par nids, et souvent confondu dans la substance des charbons, au

---

[1] Nos soldats, en travaillant aux retranchemens de Dantzick, en 1807 et en 1813, en ont trouvé beaucoup; mais ils ont négligé de le ramasser.

point qu'il est difficile de déterminer avec précision les justes limites de l'une ou de l'autre substance.[1]

Les couches inférieures, à Groshubenicken, sont très-argileuses, et pénétrées d'une si grande quantité de vitriol de fer qu'on pourrait y établir une fabrique de vitriol. (Deux livres de cette terre donnent une demi-livre de vitriol.) Beaucoup de sources vitrioliques coulent sans cesse de là dans la mer.[2]

On avait aussi commencé des travaux à Palmnicken ; mais ils sont négligés aujourd'hui, et les anciens puits sont entièrement comblés. En 1810 il n'y avait qu'un seul ouvrier qui y travaillât : il recevait la moitié du produit de l'exploitation.[3]

L'exploitation du succin est un travail très-dangereux, parce que le sol, tantôt sablonneux, tantôt argileux, s'écroule souvent et écrase les ouvriers. Le produit annuel de cette extraction n'est point à comparer avec celui de la pêche, puisque, selon le témoignage de Bock[4], cent trente années de tra-

---

[1] De Gallitzin, Description abrégée et méthodique des minéraux, page 112.

[2] John, ouvr. cité, pag. 249.

[3] Schweigger, *Kœnigsberger Archiv*, 1811, pag. 217.

[4] *Versuch einer wirthsch. Gesch. Preussens*, tom. II, p. 179.

vaux souterrains n'ont pas fourni autant que dix années de pêche.

On exploite encore du succin, dans des couches de sable et d'argile, aux environs de Dantzick, et notamment auprès des villages de Klischkow, de Geschkow, de Langenau, de Rosenberg, ainsi qu'auprès de l'abbaye d'Oliva.

On le trouve fréquemment en Poméranie, comme, par exemple, à Anclam, dans une carrière de terre glaise; à Ferdinandshof, dans un terrain tourbeux et marécageux; à Darkow, dans un sable ocracé, où il y avait autrefois, à ce qu'on prétend, un lac qui fut couvert par du sable mouvant; à Bernsdorf[1] près de Butow, etc. A mon passage par cette ville, en 1807, j'ai acheté différens beaux morceaux de succin provenant de ces lieux.

Dans quelques autres endroits de ce même pays on a découvert du succin parmi les mines de fer limoneuses, et, dans l'intérieur de la Prusse occidentale, au milieu de cou-

---

[1] On a trouvé récemment à Bernsdorf, dont le nom dérive probablement du mot de *Bernstein* (succin), un morceau de succin du poids de trois livres et quatre onces : on en avait offert 1000 écus au propriétaire ; mais on prétend qu'il en a reçu 1500 à Dantzick. (*Allgemeine Handlungszeitung*, *vom* 10 *December* 1820.)

ches de houille imparfaite [1]. En général, le sol entier de l'ancienne Prusse et de la Poméranie paraît être pénétré de succin, ainsi que Hartmann [2] l'a déjà remarqué.

Le succin qui se trouve dans le sable est ordinairement recouvert d'une croûte épaisse, brune, opaque et poreuse; tandis que celui qui se rencontre avec le bois bitumineux, ou avec le charbon ligneux, est plus compacte, sans croûte et le plus souvent transparent.

Il arrive quelquefois que le hasard fait découvrir des morceaux d'un poids et d'un volume extraordinaires. C'est ainsi qu'à Schlapacken, village situé entre Gumbinnen et Insterbourg en Prusse, on a trouvé, en 1803, un superbe morceau de succin d'un jaune clair, pesant près de quatorze livres, et offrant un volume de $318\frac{3}{4}$ pouces cubes. Cette pièce précieuse est déposée au cabinet des mines, à l'hôtel de la monnaie à Berlin, où je l'ai vue, en 1808, pendant mon séjour dans cette capitale. Le savant professeur Karsten, alors directeur de ce cabinet, m'apprit à ce sujet que l'ouvrier qui trouva cette pièce, la prit d'abord pour un bloc de silex, et ne

---

[1] Hoff, *Mineralogisches Magazin*, erster Jahrgang, p. 406.
[2] Ouvr. cité.

voulut pas se donner la peine de la dé-
terrer ; il la retira enfin sur le conseil de
sa mère, et s'assura bientôt que c'était du
succin. Le roi fit à cet ouvrier un présent de
1000 écus. On peut juger, d'après cela, de
quelle valeur devait être la pièce elle-même.
Ce n'est cependant pas la plus grande pièce
de succin que l'on ait trouvée, comme le
croyait M. Karsten ; car, d'après le rapport
d'un voyageur anglais, John Carr[1], il existe,
au cabinet des curiosités à Copenhague, un
morceau de ce bitume pesant plus de vingt-
sept livres, et provenant du Jutland, province
du Danemarck.

Le succin ne se trouve point exclusivement
en Prusse ; on en recueille dans plusieurs
autres pays, surtout dans les pays adjacens.
En effet, on en extrait des dunes le long du
Jutland occidental, du canton d'Eyderstedt
en Schleswig, et des contrées de l'Ems, où
l'île d'Ameland en donne le plus.[2]

Selon Linné[3], on en retire, à Raflunda en

---

[1] *Beschreibung einer Reise nach Dænemark, Schweden,
Norwegen, Russland und Preussen; aus dem Engl.; Rudol-
stadt*, 1806.

[2] Tableau de la mer Baltique, par Catteau-Calleville ;
Paris, 1812, tom. I.er, pag. 68.

[3] *Reise durch Schonen*, pag. 155.

Scanie, des côtes de la mer Baltique, parmi les fucus, ainsi que de l'intérieur du pays, à peu de profondeur dans la terre.

M. de Herrmann, membre de l'Académie des sciences de Saint-Pétersbourg, en a rapporté des environs d'Ekatharinenbourg en Sibérie, où il existe dans de l'argile, sur des couches de bois bitumineux [1]. Ce savant en a donné plusieurs morceaux à M. le professeur John, qui a bien voulu me les faire voir à Berlin. Ils avaient la grosseur d'une grande noisette et présentaient les couleurs propres au succin; ils étaient la plupart opaques ou imparfaitement translucides.

Suivant Pallas, on le trouve sur les rivages de la mer glaciale, dans le golfe de Kara, en petits fragmens roulés, mêlés avec de gros fragmens de houille [2]. On prétend aussi l'avoir trouvé en grains disséminés, dans de la houille, au Groenland et au Kamtschatka. [3]

On en rencontre en Pologne, et notamment en Podolie et en Volhynie; le lac Lubien, en Posnanie, en rejette souvent. M. Guettard, de l'Académie des sciences, conservait dans

---

[1] John, *Chemisches Laboratorium;* Berlin, 1808, p. 238.

[2] Voyages du professeur Pallas, tom. V, pag. 101.

[3] Brongniart, Traité élémmentaire de minéralogie, tom. II, p. 50.

son cabinet un morceau de succin qui a été
extrait du sein de la terre en Pologne, à
plus de cent lieues de la mer Baltique[1]. M.
Gilibert, de Lyon, ancien professeur de l'u-
niversité de Wilna, assure qu'on en trouve
de très-gros morceaux dans les sablonnières
de la Lithuanie : il en a rencontré plusieurs
dans les ravines que les torrens forment sur
les dunes près de Grodno ; un, entre autres,
plus gros que le poing et très-diaphane,
qui contient une fourmi et un cousin parfaitement bien conservés. [2]

Le succin existe en Allemagne, notamment
à Wiesholz en Souabe, auprès de Stein, dans
un terrain autrefois volcanique[3] ; du côté de
Wittemberg et de Schmiedberg en Saxe, où
il est engagé dans un terrain marécageux,
bitumineux, vitriolique et alumineux[4] ; dans
le grand-duché du Bas-Rhin, entre Cologne
et Bonn, dans des couches de bois bitumi-

---

[1] Mémoires de l'Académie des sciences, ann. 1762, p. 252.

[2] Le Médecin naturaliste, ou Observ. de médecine et d'histoire naturelle, par J. E. Gilibert; Lyon, 1800, pag. 313.

[3] Stockar de Neuforn, *de Succino in genere, nec non specia-
tim de eo, quod nuper in agris Wiesholziensis effossum est;
Lugd.*, 1761.

[4] Henkel, *Acta physic. medic. Academ. natur. curios.*, tome
IV, pag. 81.

neux de terre d'ombre, de tourbe et de charbon fossile. Ce succin présente un aspect ter-
reux, d'une couleur jaune de soufre, et forme
des couches de l'épaisseur d'une ligne à celle
d'un demi-pouce ; il est accompagné de pyrites, de bois ferrugineux, de gypse, d'os fossiles, et d'une espèce de noix qui ont un très-
grand rapport, suivant Faujas de Saint-Fond[1],
avec les noix du palmier-areca, *areca ca-
techu*, L.

Dans les mines de charbon fossile de Saint-
Paul près du pont Saint-Esprit, département
du Gard, on trouve, à environ trente pieds
sous terre, des morceaux de succin de forme
arrondie, depuis la grosseur d'une noix jusqu'à celle d'une grosse pomme. Ce succin est
brillant, d'une couleur foncée dans le centre
des morceaux ; mais il paraît avoir éprouvé
une sorte d'altération dans les autres parties.
Cependant ses caractères chimiques et sa propriété électrique sont absolument les mêmes
que ceux du succin de Poméranie. On trouve
dans les mêmes couches de mines, des coquilles
et une variété de charbon qui porte encore
les caractères apparens du bois passé à l'état

---

[1] Annales du Muséum d'histoire naturelle, an XI, 6.ᵉ cah.,
pag. 459.

de charbon fossile. On trouve aussi, dans ces mines, des empreintes de plantes exotiques d'un grand nombre d'espèces, et des troncs d'arbres fortement comprimés et aplatis sous le poids énorme des masses supérieures. [1]

Différentes exploitations de succin ont eu lieu dans le département de l'Aisne, notamment à Beaurieux, où il existe dans des couches de tourbe pyriteuse : il est transparent, de couleur jaune et brune, et est accompagné de marne, de coquilles, de bois fossile, de pyrites, d'alun, de sel de Glauber et de gypse [2]. Il y en a encore dans les communes de Juny et d'Annoy, près la route de Saint-Quentin à Chauny, et surtout à Homblières près le canal de Saint-Quentin [3]. Un morceau assez considérable, tiré de cet endroit, est déposé au cabinet d'histoire naturelle de Paris.

On a de plus rencontré du succin dans les montagnes de la Provence, auprès de la ville de Sisteron, ainsi que dans les Pyrénées. Ce dernier est jaunâtre, opaque, friable, disposé par couches concentriques et renfermant des

---

[1] Annales du Muséum d'hist. naturelle, tom. XIV, p. 314.

[2] Journal de physique, tom. VIII, pag. 292; tom. X, p. 1; tom. XII, pag. 289.

[3] Journal des mines, tom. V, n.° 25, p. 67.

portions de pyrites martiales. Il y en a aussi de noirâtre dans les mêmes montagnes. [1]

Enfin, dans les environs de Paris, il existe des couches de lignite (ou bois minéralisé), dans lesquelles on trouve du succin en rognons. [2]

Casal, médecin espagnol, a décrit les mines de succin de la province des Asturies en Espagne. On en connaît deux : l'une auprès de Bellonico dans la vallée Las Cuerrias; l'autre auprès du village d'Arenas. La première offre un terrain brun, mêlé de schiste argileux; on y trouve aussi de la houille et du jaïet. Dans la seconde, le terrain est noir, incohérent et renferme du jaïet, des pyrites et du gypse. On en trouve aussi à Coboalles, évêché d'Oviédo : il est fossile et engagé dans de la houille. [3]

On rencontre du succin en Sicile, comme, par exemple, à Girgenti, à Radusa, à Capo d'Arso, Terra-Nuova, Licata; dans le fleuve

---

[1] Sage, Descript. méthod. du cabinet de l'école royale des mines, pag. 192.

[2] Journal de physique, de chimie et d'histoire naturelle, tom. LXXXIX, pag. 235.

[3] Von Beroldingen, *Beobacht. u. Zweifel über Mineralogie*, tom. I.er, pag. 359.

Saint-Paul ou Simète, ainsi que dans la rivière qui porte le nom de Giaretta. [1]

Selon l'abbé Ferrara [2], il gît sous des amas argileux, déposés en stratification par l'ancienne mer sur la base et sur le prolongement des chaînes primitives qui forment le pied de l'Apennin coupé par le canal de Messine. Ces amas coupent à peu près le milieu de l'île : les fortes pluies les délayent, les entraînent et laissent à découvert çà et là des morceaux de succin. On en trouve aussi sur les bords de la mer près des embouchures des rivières qui les y ont amenées. Les anciens auteurs, et notamment Diodore de Sicile, ont ignoré l'existence du succin dans cette île. Il est remarquable que le succin de la Sicile renferme fréquemment des insectes, et affecte des couleurs très-variées.

Enfin, en Italie, du côté de Querola et Dal-Sasso, dans le duché de Modène, où l'on recueille le pétrole, on trouve souvent du succin dans un terrain bitumineux. [3]

Suivant le témoignage de plusieurs voyageurs, le succin doit se rencontrer en Asie,

---

[1] De Borch, Minéralogie sicilienne, p. 135.

[2] Mémoire cité.

[3] Von Beroldingen, ouvr. cité, pag. 380.

en Afrique et en Amérique ; mais il est probable que ces auteurs confondent le véritable
succin avec d'autres matières résineuses, telles
que le copal, la gomme élémi, le mastic,
etc., qui nous viennent de ces pays. Cependant, dans un ouvrage récent sur la minéralogie et la géologie des États-Unis d'Amérique [1], on lit qu'il existe du succin à Newyork
dans un terrain d'alluvion, où il repose sur
du bois bitumineux qui en renferme aussi
dans ses interstices : quelquefois il est accompagné de pyrites.

Origine et formation du succin.

Il n'y a pas de substance sur laquelle l'imagination des savans se soit autant exercée que
sur le succin, et qui ait produit tant d'hypothèses différentes relativement à son origine
et à sa formation. La mythologie des poëtes
en fait déjà mention. On connaît la fable de
Phaëton, qui mit en feu le ciel et la terre, et
fut précipité par la foudre dans les flots de

---

[1] *An elementary treatise on mineralogy and geology, etc.,
as a compagnon for travellers in the united States of America,
by Parker Cleaveland, prof.; Boston.* — Gœtt. Gel. Anzeigen :
5 Oct. 1818, §. 160, pag. 1593.

l'Éridan. Ses sœurs, en le pleurant, dit Ovide.[1],
furent changées en peupliers; mais les branches de ces arbres continuaient de répandre
chaque année des larmes précieuses, que le
soleil durcissait à mesure qu'elles tombaient
dans les flots, où elles se changeaient en
succin. Eschyle, selon Pline[2], est le premier
qui ait rapporté cette fable.

Les hypothèses sur l'origine du succin peu-
vent être divisées en trois classes; savoir :
celles qui la rapportent au règne animal,
celles qui l'attribuent au règne minéral, et
enfin celles qui la font dépendre du règne
végétal.

Les opinions sur l'origine animale du succin sont la plupart absurdes et se réfutent
d'elles-mêmes. C'est ainsi, par exemple, que
quelques-uns ont regardé cette substance
comme l'urine durcie de certains mammifères;
d'autres l'ont prise pour le sperme condensé
de quelque poisson de mer, etc. Mais que
faut-il penser de l'opinion de M. Girtanner,
esprit ingénieux, mais paradoxal, qui veut

---

[1] *Metamorph.*, *lib. II*, *v.* 364.

   Inde fluunt lacrymæ, stillataque sole rigescunt
   De ramis electra novis, quæ lucidus amnis
   Excipit, et nuribus mittit gestanda latinis.

[2] *Hist. nat.*, *lib. XXXVII*, *cap.* 2, §. 11; *cap.* 15.

que le succin ne soit qu'une huile végétale rendue concrète par l'acide des fourmis? C'est l'espèce appelée *formica rufa* par Linné, qui le prépare suivant cet auteur. Ces insectes, dit-il, habitent les anciennes forêts de sapins où l'on trouve le succin fossile, qui est ductile comme de la cire fondue, et qui se sèche à l'air.[1]

Mais, outre que personne n'a jamais rencontré ce succin ductile, est-il raisonnable de supposer que des insectes aussi petits que les fourmis puissent avoir préparé la quantité prodigieuse de succin qu'on trouve depuis tant de siècles sur les côtes de la Baltique? et ne devrait-on pas fréquemment rencontrer le succin dans les forêts actuelles de sapins, où existe en grande quantité la *formica rufa*, L.? Pourquoi ne trouvons-nous pas dans le succin l'acide formique? Pourquoi y voit-on rarement des fourmis, et toujours d'autres insectes?

Enfin, Buffon[2] a prétendu que le succin n'est autre chose qu'un miel modifié par le temps, et converti en bitume par les acides minéraux. Cette opinion a été adoptée dans

---

[1] Journ. de physique, tom. XXVIII, Mars 1786, p. 38.

[2] Hist. nat. des minéraux; Paris, an IX, tom. V, p. 399.

ces derniers temps par M. le baron Larrey.[1]
« Nous sommes portés à croire, dit cet au-
« teur, que le succin est autant le produit
« de ces masses de miel et de cire qui s'accu-
« mulent en grande quantité dans les vieux
« troncs d'arbres des forêts immenses des con-
« trées occidentales de l'Europe, que de celles
« qui se remarquent sur le bord des mers des
« anciens continens, où il y a ordinairement
« une prodigieuse quantité d'abeilles. Les in-
« jures de l'air et les tempêtes renversent les
« arbres, ou bien ils tombent par vétusté ;
« des tourbières reçoivent communément
« dans leur chute les troncs d'arbres remplis
« de ces substances, qui y séjournent alors
« plus ou moins long-temps, et s'y saturent
« des gaz et des acides minéraux qu'elles ren-
« ferment, ce qui change d'abord la nature
« du miel. Les pluies d'orages, les fontes des
« neiges, les torrens ou les rivières entraînent
« ensuite vers la mer ces masses encore liqui-
« des. C'est là que, prenant de la consistance
« par le contact de l'air et les principes sa-
« lins dont elles s'imprègnent, elles forment
« des morceaux distincts, plus ou moins volu-

---

[1] Mémoires de chirurgie milit. et campagnes; Paris, 1812, tom. III, pag. 92.

« mineux, qui surnagent et sont expulsés sur
« les rivages, où on les recueille. Les insectes
« qu'on observe dans leur épaisseur, s'y sont
« engagés au moment où ces substances, cou-
« lant dans les tourbières ou circulant sur le
« bord de la mer, sont encore dans un état
« liquide; mais ils s'y trouvent tout à coup
« ensevelis dès qu'elles viennent à se concré-
« ter, et ils s'y conservent avec leurs formes
« et leurs couleurs naturelles. »

Quelque ingénieuse que soit cette hypothèse, on n'hésitera point de la prendre pour
un jeu de l'imagination ; elle est d'ailleurs
absolument contraire à tout ce que la chimie
nous a fait connaître sur le succin. En général, l'origine animale de cette substance n'est
point admissible. Il convient plutôt d'examiner
si le succin provient primitivement du règne
minéral, ou si c'est un produit originaire du
règne végétal, qui n'a fait que changer de caractère par un long séjour dans la terre.

Pour éclaircir cette question, nous allons
discuter les opinions des principaux savans,
et tâcher d'en tirer quelques conséquences.
On ne doit pas être étonné de voir un grand
nombre de naturalistes défendre la première
opinion , c'est-à-dire l'origine minérale du
succin , puisqu'en effet cette substance ne

se rencontre que dans l'intérieur de la terre ou sur la surface de la mer. On s'est imaginé que le succin pouvait se produire dans la mer Baltique, comme l'asphalte ou bitume de Judée prend son origine dans la mer Morte, autrement appelée lac Asphaltite. Mais on n'a pas fait attention que, dans ce cas, on devrait le trouver sous tous les vents et en tout temps, ce qui cependant n'a pas lieu.

D'autres, parmi lesquels il faut compter Agricola [1], Aurifaber [2], Mathiole [3], Gœbel [4], Wigand [5], Libavius [6], Kircher [7], etc., pensent que le succin est un suc bitumineux de la terre, qui a coulé dans la mer où il s'est durci, et qui a été porté ensuite par les eaux sur le rivage, où il a été desséché par les rayons du soleil.

Hartmann [8] prend le succin pour une gemme qui s'est formée dans le bois bitumineux, de la même manière que les métaux dans leur

---

[1] *De natura fossilium, lib. IV, p.* 480.

[2] *Kurzer gründlicher Bericht woher der Agtstein oder Bœrnstein kommt; Kœnigsberg,* 1551.

[3] *Commentar. in Dioscor., lib.* 72.

[4] *De succino libri duo,* 1558.

[5] *Vera histor. de succino prussico, etc.; Jen.* 1590.

[6] *Singularia, lib. V, c.* 3; *Franc.* 1691.

[7] *Mundus subterran.; Amst.,* 1665.

[8] Ouvrage cité.

gangue. Sendel[1] partage cette opinion. Le célèbre Neumann[2] soutient que cette substance résulte de l'union rapide d'un suc huileux ou bitumineux avec une terre très-fine, dissoute dans l'acide sulfurique, et il croit que sa formation a lieu dans l'intérieur de la terre, toutes les fois que ces trois substances se rencontrent dans les proportions requises : il s'efforce de le prouver par des expériences chimiques.

Enfin, Fréderic Hoffmann[3] prétend que le succin est formé d'une huile légère, séparée du bois bitumineux par la chaleur souterraine, et épaissie par l'acide sulfurique.

Mais comment concevoir qu'une huile, séparée dans les entrailles de la terre, puisse contenir des insectes qui ne vivent qu'à sa surface ? D'ailleurs il n'y a pas d'apparence que le succin ait été altéré par des acides concentrés ; car l'expérience nous apprend que l'action de ces acides l'aurait noirci et mis dans un état charbonneux.

Toutes ces hypothèses sont dénuées de fondement et par conséquent faciles à réfuter.

---

[1] *Electrologiæ per varia tentamina, etc. ; Elbing,* 1725.

[2] *Lectiones publ. de succino, etc.; Berol.* 1730.

[3] *De succino, ejusque generatione in terra et varia solutione, in Observ. phys. chem.,* p. 27.

Il en est une encore, qui mérite un peu pl•
d'attention : c'est celle de M. Hermbstædt
célèbre professeur de chimie à Berlin. (
savant pense que le succin n'est autre cho.
que du pétrole rendu concret par l'oxigèn
Il regarde le pétrole comme le produit d'ur
fermentation excitée entre des substances an
males et végétales enfouies dans le sein de
terre par l'effet de quelque catastrophe e
traordinaire, et voici comment il explique
formation du succin. Le pétrole, dit-il, e
vertu de sa légèreté spécifique, s'est élevé a•
dessus de la surface de l'eau, où il s'est trouv
en contact avec l'oxigène atmosphérique
qu'il a absorbé, et qui l'a épaissi. Penda•
qu'il avait encore une consistance tenace •
demi-fluide, il est facile de concevoir co•
ment des insectes, des mouches, des araignée
des feuilles, des pailles et autres corps q•
volent souvent dans l'air, ont pu s'y attach•
et en être enveloppés. Par l'absorption su•
cessive de l'oxigène le pétrole s'est épaissi d
plus en plus, a augmenté de densité et de p•
santeur spécifique, et s'est enfoncé en mass•
irrégulières dans l'eau, en a gagné le fond, •

<hr>

¹ *Ueber die Entstehung des Bernsteins, eine Hypothese; ne•*
Schriften der Gesellschaft naturforschender Freunde zu Berli•
1801, B. III, p. 476.

a formé ainsi les couches de succin qui s'y trouvent. L'acide qu'on retire du succin par la distillation sèche, prouve d'ailleurs, selon M. Hermbstædt, la présence de l'oxigène dans cette substance.

Le même savant cite, à l'appui de son opinion, une expérience très-ingénieuse, qui consiste à mettre dans une soucoupe de porcelaine remplie d'eau un peu d'huile de pétrole rectifiée, à la hauteur d'une ligne seulement; de recouvrir ensuite cette soucoupe d'une cloche de verre remplie de gaz oxigène, et d'exposer le tout pendant quelques mois à l'influence de la lumière du soleil. Il prétend que par ce moyen le gaz oxigène est peu à peu absorbé; que l'huile de pétrole augmente de poids, et se trouve dans un état concret. Enfin, si l'on expose cette substance, dit-il, à une chaleur modérée pour que le reste de l'huile s'évapore, on obtient une matière résineuse très - analogue au succin.

Cette expérience, qui sert de fondement à la théorie de M. Hermbstædt, a été révoquée en doute, dans ces derniers temps, par M. le professeur John [1], qui n'obtint point le même

---

[1] Ouvrage cité, pag. 399.

résultat, quoiqu'il eût laissé en contact pendant dix-huit mois de l'huile de pétrole rectifiée avec du gaz oxigène.

Au reste, cette théorie n'est rien moins que satisfaisante, du moins pour le succin de la Prusse, puisqu'on ne connaît point de sources de pétrole dans ce pays. Elle pourrait plutôt être admise pour celui de la Sicile, où le pétrole est très-commun. Aussi M. l'abbé Ferrara[1] croit que le succin pourrait bien être le pétrole combiné avec l'acide succinique, et solidifié par une évaporation lente et même par une sorte de cristallisation dont quelques-uns de ses échantillons offrent des exemples. Remontant à l'origine du pétrole, ce savant l'attribue à des matières organiques, animales et végétales, ensevelies par les grandes catastrophes, et modifiées par le temps et les agens naturels, parmi lesquels l'oxigène joue un grand rôle; l'hydrogène et le carbone s'y trouvent : l'acide succinique a pu s'y former, agir ensuite sur la partie huileuse et la convertir en succin, d'abord liquide, à une époque où les insectes de notre temps existaient déjà, et ensuite solide par l'effet du temps.

---

[1] Mémoire cité.

Il est à remarquer encore que dans beaucoup de pays où il y a des sources de pétrole, comme en Alsace, à Neufchâtel, etc., on ne trouve point de succin.

Il n'est pas probable que le succin se soit formé dans l'intérieur de la terre : aussi la plupart des naturalistes modernes sont portés à admettre l'origine végétale de cette substance, qu'ils ne regardent que comme parasite dans le règne minéral.

Les preuves de cette assertion se déduisent tant des gisemens du succin dans l'intérieur de la terre et des substances qui l'accompagnent, que de sa composition chimique, et des connaissances que nous avons acquises sur les révolutions physiques de notre globe.

Nous avons vu plus haut que c'est avec des matières pyriteuses et vitrioliques, avec la houille, le charbon ligneux, le jaïet, le pétrole, et surtout avec le bois bitumineux, que le succin se rencontre le plus fréquemment. Or, toutes ces substances proviennent elles-mêmes de la décomposition lente des végétaux dans la terre ; le bois bitumineux surtout, qui sert de matrice au succin sur les côtes de la Prusse, présente tous les caractères d'un bois végétal qui a éprouvé de

grandes altérations souterraines. Il est encore
reconnaissable par sa forme et son tissu : du
reste il est noir, humide, pesant, fragile
friable, tachant les doigts et le linge ; il offre
une saveur acerbe et ne brûle pas avec flamme
desséché sur un poële, il répand une odeur
vitriolique et sulfureuse. On en rencontre
quelquefois des morceaux qui contiennent du
succin dans leurs interstices, ou qui en son
entièrement pénétrés. J'ai vu de pareille
pièces au cabinet des curiosités à Berlin, e
Bock [1] en a décrit plusieurs qu'il a repré
sentées par des figures coloriées.

On trouve aussi souvent, dans le voisinage
de ce bois, des fruits semblables aux noix
et aux amandes, d'une couleur brune ou
noirâtre, ayant près de dix lignes de longueur. Extérieurement ils sont lisses, fendillés
et cassent facilement par une légère pression
dans leur intérieur ils offrent deux loges divisées par une cloison dans le sens de la longueur ; ils ne renferment point de noyau
Ces fruits, nouvellement examinés et décrits
par Hagen [2], diffèrent essentiellement de ceux
qu'on trouve dans les couches de charbon

---

[1] *Der Naturforscher*, N.° *XVI.*

[2] *Gilberts Annalen*, 1815, *B. XIX, p.* 181.

fossile et de terre d'ombre à Brühl près de Cologne, et que Faujas de Saint-Fond a pris pour des noix de palmiers (*areca*).

Kurt Sprengel a trouvé beaucoup d'analogie entre ces fruits et ceux du *phyllanthus emblica*, arbre des grandes Indes, d'une hauteur prodigieuse. Enfin, d'autres naturalistes ont cru les reconnaître pour ceux du *pinus abies*, L.

Quant au bois fossile, nous ne sommes pas plus en état de déterminer l'espèce d'arbre d'où il provient, d'autant qu'il ne présente ordinairement ni moelle, ni branches, ni cercles d'accroissement.

Le professeur Wrède, de Kœnigsberg, a découvert, il y a quelques années, des cercles concentriques aux troncs d'arbres fossiles du côté de Groshubenicken, et a prouvé par là que ce n'étaient pas des palmiers [1]; et le professeur Schweigger de la même ville, qui a visité, en 1810, les côtes de la Baltique, conclut de la nature du bois fossile et des noix qui s'y trouvent, que les arbres à succin ne sont pas des végétaux indigènes, et qu'ils sont de différentes espèces. [2]

---

[1] *Kœnigsberger Archiv*, 1811, *erstes St.*, p. 44.

[2] *Ibidem*, 2tes St., p. 217.

Le professeur John[1] rapporte ces arbres
la famille des végétaux résineux et lactesce
dont l'espèce a été perdue. Enfin, le profe
seur Blumenbach[2], en adoptant l'opinion c
M. John, observe cependant que ces arbr
ressemblent beaucoup à ceux qui fournisse
l'aloès (*aloexylium agallochum*, Loureiro).

Quoi qu'il en soit, il n'est pas douteux qu
les arbres à succin ne fussent de nature rés
neuse ; et toutes les circonstances paraisse
prouver que ces arbres étaient analogues au
pins et aux sapins, ainsi que Pline le pensa
déjà, mais qu'ils étaient plus gros, puisqu
les mineurs en rencontrent souvent des tron
entiers dont les dimensions surpassent d
beaucoup celles des cèdres du mont Liban

Les plus riches dépôts de succin, dit l'abb
Staszie[4], sont ordinairement proches de l
mer, parmi des arbres fossiles qui ont jusqu'
90 pieds et plus de longueur. Ces arbres di
fèrent de ceux du pays, et paraissent avoi
été de la famille des pins, sapins, mélèzes

---

[1] Ouvrage cité, p. 158.

[2] *Specimen archæòlog.*

[3] Hagen, *Oratio de succini ortu;* 1796. — Bock, *Naturge
schichte des preuss. Bernsteins.*

[4] Géologie des montagnes de l'ancienne Sarmatie ; voy
Journal de physique, par Lamétherie, tom. XLV, pag. 127.

etc. Par la position de leurs sommets, ils sem-
blent avoir été renversés par une même cause,
qui a agi dans la direction du sud-est au
nord-ouest.

Ce qui prouve encore que le succin doit
avoir appartenu aux végétaux, c'est sa composition chimique, dont il sera parlé dans
la seconde partie de ce traité; mais ce sont
surtout les révolutions physiques du globe
qui empêchent de conserver aucun doute à
cet égard. En effet, si l'on considère les immenses couches de bois bitumineux qui existent sur les côtes de la Prusse, on ne peut se
refuser à croire qu'il existait anciennement
de vastes et épaisses forêts résineuses qui cou-
vraient ce pays jusqu'à la mer, peut-être même
le fond de la Baltique, qui n'existait pas encore, et que leurs arbres ont fourni le succin.[1]

Si l'on ne trouve plus ces derniers dans
ces contrées, c'est que le climat peut y avoir
entièrement changé, ainsi que leurs productions. On a bien rencontré, dans les mines de
plomb de Derbyshire en Angleterre, de la

---

[1] La langue de terre appelée *Curisch-Nehrung*, qui sépare
le *Curisch-Haff* de la mer Baltique, porte encore en finnois
le nom de *Mendoniémi*, qui veut dire promontoire des sapins.
Catteau-Calleville, Tableau de la mer Baltique, tome I.er,
pag. 68.

résine élastique , parfaitement semblable à celle qui vient de l'Amérique , et conservée avec toutes ses propriétés , peut-être depuis des milliers d'années. On a trouvé des coquilles pétrifiées dont les congénères vivans ou sont inconnus , ou existent seulement dans les grandes mers des Indes sous l'équateur. M. le baron Cuvier[1] a prouvé que les débris d'os fossiles ensevelis dans la terre ont appartenu à d'autres temps, à une manière d'être absolument différente de l'état actuel de notre globe.

Il en est de même du succin , qui porte l'empreinte de l'antiquité et de grandes révolutions physiques. M. Hassé[2], savant professeur à Kœnigsberg, pénétré sans doute de cette idée, a émis l'opinion singulière que le succin était le fruit d'un de ces arbres que la terre produisait dans l'âge d'or et dont les analogues n'existent plus. Son imagination lui a retracé les pommes des Hespérides, l'arbre du paradis, et en même temps

---

[1] Recherches sur les ossemens fossiles des quadrupèdes, où l'on rétablit les caractères de plusieurs espèces d'animaux que les révolutions du globe paraissent avoir détruites; Paris, 1813.

[2] *Preussens Ansprüche, als Bernsteinland das Paradies der Alten und Urland der Menschheit gewesen zu seyn; Kœnigsberg, 1799.*

son patriotisme lui a fait regarder la Prusse
comme le pays où ces productions précieuses
abondèrent jadis par l'effet d'une température que les révolutions du globe ont changée
depuis.

Quelques auteurs nous parlent de feux
souterrains, de grands incendies qui ont autrefois dévasté les contrées où l'on trouve le
succin. Rappolt[1] attribue l'origine de cette
substance à l'incendie d'une immense forêt
d'arbres résineux sur les côtes de la Prusse,
et le professeur Hassé, en adoptant la même
opinion, n'hésite point de fixer l'époque de
cette catastrophe à deux mille ans avant la
naissance de Jésus-Christ. A cette époque,
dit-il, il y eut un grand incendie sur notre
globe, le même qui consuma Sodome et Go-
morre, deux villes criminelles dont parle
l'Écriture sainte : les feux s'étendirent sur une
grande partie de l'Afrique, de l'Asie et de
l'Europe, desséchèrent les plus grands fleuves
et détruisirent, en Prusse, de vastes forêts
de pins, de sapins et de palmiers, dont la
résine coula dans le sable et dans la mer
voisine, où elle se convertit en succin. Ces

---

[1] *De origine succini in littore Sambiensi meditatio ; Regiom.*
1737.

mêmes feux furent accompagnés de tremble
mens de terre violens, et déterminèrent l
fonte des neiges et des glaces sur les plu
hautes montagnes : d'où résulta la mer Morte
la mer Caspienne et la mer Baltique. [1]

Mais peut-on raisonnablement admettr
cette hypothèse ? D'ailleurs, si la formatio
du succin est due au feu, comment se fait-i
que les insectes qu'on y rencontre sont tou
si bien conservés ? Ne devraient-ils pas êtr
brûlés, désorganisés ? et le succin lui-mêm
n'aurait-il pas été décomposé par l'action d
feu ?

Il est plus naturel de croire que les contrée
qui nous offrent le succin, et notamment l
place où existe aujourd'hui la mer Baltique
autrefois toutes couvertes de vastes et épaisse
forêts résineuses, ont été bouleversées et en
glouties par des tremblemens de terre et de
inondations générales dont les traces se ma
nifestent encore. Tout semble prouver, et l
déluge de Moïse atteste le fait, que la plu
part des pays habités maintenant étaient au
trefois recouverts par la mer, et qu'à la plac

---

[1] *Der neu aufgefundene Eridanus, oder neue Aufschlüss
über den Ursprung, die Zeit der Entstehung, das Vaterlan
und die Geschichte des Bernsteins, von Hasse; Kœnigsb.*, 1796.

où est aujourd'hui la mer il y avait jadis de la terre ferme.[1]

> Ainsi l'ancre s'attache où paissaient les troupeaux,
> Ainsi roulent des chars où voguaient des vaisseaux,
> Et le monde vieilli par la mer qui voyage,
> Dans l'abyme des temps s'en va cacher son âge.
>
> DELILLE, *Homme des Champs.*

D'après ce que nous venons de dire, il est facile de voir que la formation du succin ne peut plus avoir lieu de nos jours. Les hypothèses sur l'origine minérale du succin sont insuffisantes pour expliquer sa formation dans l'intérieur de la terre, et il n'est pas à présumer qu'il provienne de la résine des pins et des sapins qui croissent sur les côtes de la Prusse, comme Tacite et Pline le croyaient, et comme quelques auteurs modernes paraissent le croire encore[2]. Si le succin se reproduisait sans cesse de nos jours, nous devrions le rencontrer fréquemment dans un état de mollesse, à demi fluide ou ductile,

---

[1] *Ovid. Metamorph. libr. XV*, v. 136, *sq.*

> Vidi ego, quod fuerat quondam solidissima tellus,
> Esse fretum ; vidi factas ex æquore terras ;
> Et procul a pelago conchæ jacuere marinæ,
> Et vetus inventa est in montibus anchora summis.

[2] Leonhard's *Taschenbuch für die gesammte Mineralogie*, 1811, pag. 155.

ce qui cependant n'a pas lieu, et les observations qu'on cite à cet égard, sont si rares et si peu exactes qu'on ne saurait y ajouter foi. Au reste, les insectes inconnus qu'on trouve dans le succin, nous fournissent encore un autre argument contre cette opinion. Ces insectes sont probablement des êtres d'une génération qui n'existe plus.

Ainsi la formation du succin a cessé avec l'existence des arbres qui le produisaient et par suite des révolutions physiques dont nous avons parlé plus haut.

Antiquité du succin ; commerce et grande valeur de cette substance chez les anciens.

Le succin fut connu dès la plus haute antiquité. Homère, le plus ancien écrivain profane, en fait mention dans son Odyssée, en parlant des choses les plus précieuses de son temps. « Considère, mon cher Pisistrate, dit « Télémaque chez Ménélas, l'éclat de l'airain « dans ce palais sonore, celui de l'or, du suc- « cin, de l'argent et de l'ivoire. [1] » Homère nous dépeint Eurymaque avec un collier d'or orné de succin [2]. Ailleurs il parle d'un mar-

---

[1] *Odyss., lib. IV, v. 72.*

[2] *Ibidem, l. XVIII, v. 295.*

chand phénicien qui apporte un superbe collier d'or et de succin [1]. Quintus de Smyrne
fait jeter du succin dans les flammes du bû-
cher d'Ajax. [2]

Hérodote, Platon, Aristote, Théophraste,
Diodore de Sicile, Virgile, Ovide, Dioscoride
et autres, parlent du succin dans leurs ouvrages. Martial a fait de jolies épigrammes
sur une fourmi, sur une abeille et sur une
vipère qui avaient trouvé leur tombeau dans
le succin. [3]

Mais c'est Tacite et Pline qui nous ont
fourni les notices les plus intéressantes sur
cette substance.

Les Phéniciens et les Sidoniens, qui avaient
établi anciennement (1800 ans avant la naissance de J. C.) une colonie à Cadix, furent
les premiers qui pénétrèrent dans les mers
du Nord pour venir chercher le succin en
Prusse, et le porter ensuite dans toutes les
contrées de la terre [4]. Les Carthaginois, qui
succédèrent aux Phéniciens, se livraient aussi
beaucoup au commerce du succin ; mais ils

---

[1] *Odyss.*, *l. XV, v.* 456.

[2] *Posthomericorum lib. V, v.* 623.

[3] *Lib. VI, epigr.* 15; *lib. IV, ep.* 32; *lib. IV, ep.* 59.

[4] Histoire des découvertes et des voyages faits dans le
Nord, par J. R. Forster ; trad. de Broussonet, t. I.er, p. 19.

faisaient un secret du lieu où ils allaient le
chercher, de sorte que les Grecs et les Romains n'en avaient aucune idée exacte. Les
Grecs savaient bien que cette substance se
tirait de la mer du Nord; mais ils ne pénétrèrent jamais dans cette mer : ils ne pous-
sèrent leurs découvertes que jusqu'aux colonnes d'Hercule, c'est-à-dire jusqu'à Gibraltar.
Strabon[1] nous informe qu'un vaisseau romain
qui voulut suivre un vaisseau carthaginois
dans son voyage au Nord, fut conduit exprès
par ce dernier sur des bancs de sable, où ils
firent naufrage tous les deux.

Les Massiliens (Marseillais), qui étaient les
négocians les plus célèbres après les Carthaginois, faisaient (400 ans avant la naissance de
J. C.) le commerce exclusif du succin, qu'ils
envoyaient en Grèce ou à Tarente. Mais à la
même époque à peu près les Esthiens, habitans
des pays maritimes situés depuis l'embouchure de la Vistule jusqu'au golfe de Fin-
lande, transportaient le succin par terre en
Pologne, en Carinthie, en Illyrie, en Italie
et jusque sur les bords du Rhin.

Les Romains furent obligés de se contenter
long-temps du succin qu'ils recevaient des

---

[1] *Geograph., lib. III.*

Tarentins, jusqu'à ce que, favorisés par des guerres heureuses sur mer, ils découvrirent eux-mêmes le lieu natal de ce bitume.

Lorsque Pompée vainquit les pirates en Syrie, il trouva dans leurs vaisseaux, entre autres objets précieux, une grande quantité de succin qu'ils avaient été chercher sur les côtes de Prusse. C'est par eux qu'il apprit que cette substance se trouvait dans le Nord, flottant sur la mer auprès de montagnes de sable blanc, et que les habitans en faisaient peu de cas. Arrivé à Rome, Pompée en offrit à Jupiter dans un sacrifice solennel. [1]

Les anciens, en général, les Romains particulièrement, attachaient le plus grand prix au succin, et le mettaient au niveau de l'or et des pierres précieuses; ils s'en servaient pour décorer l'intérieur de leurs palais, et même les lieux publics dans les jours de fête. L'empereur Néron l'estimait tellement, qu'il appelait les beaux cheveux de Poppée, son épouse, des cheveux de succin, *succinei capilli.* Ce monarque, dans la vue d'embellir une fête par des décorations en succin, envoya exprès un chevalier en Prusse pour en faire acheter, et celui-ci en rapporta une quantité très-

---

[1] Hartmann, ouvr. cité, *append. ad lib. I.*

considérable, entre autres un morceau de treize livres pesant.[1]

Cassiodore[2] rapporte qu'au sixième siècle de notre ère, le peuple des Esthiens envoya à Théodoric, roi des Goths, en Italie, une ambassade solennelle pour lui offrir du succin, et que le Roi accepta ce présent avec plaisir.

Toutes les nations du Levant, les Turcs, les Arabes, les Égyptiens, les Syriens, ont encore de nos jours le même goût pour le succin. Suivant le père Charlevoix[3], les Japonais l'estiment plus que les gemmes, et ne lui préfèrent que les coraux : ils attachent plus de prix au succin transparent, à cause de sa perfection et de l'antiquité qu'ils lui attribuent.

---

[1] Plin., *Hist. nat.*, *lib. XXXVII*, *cap.* 3.

[2] *Lib. V*, *var.* — Bock, ouvr. cité, p. 28.

[3] Histoire du Japon, tom. I.er, pag. 385.

SECONDE PARTIE.

Propriétés physiques et chimiques du succin; ses usages dans les arts et dans la médecine.

Pesanteur spécifique, réfraction, électricité.

Dans l'énumération des caractères extérieurs du succin nous avons déjà parlé de sa forme, de sa cassure, de sa consistance, de ses couleurs, de sa transparence, de son odeur; ajoutons encore quelques détails sur sa pesanteur spécifique, sa réfraction et son électricité, et nous aurons le complément de ses propriétés physiques.

Le succin est le plus pesant des bitumes purs. Suivant Muschenbroeck [1], sa pesanteur spécifique, comparée à celle de l'eau, est de 1,065, et, selon Haüy [2], de 1,078 à 1,0855. Il s'enfonce par conséquent dans l'eau douce, tandis qu'il surnage sur l'eau salée. D'après cela on pourrait se servir d'un morceau de succin en guise d'aréomètre, pour déterminer le degré de concentration des lessives de potasse ou

---

[1] *Introduct. ad philosoph. natur.*, tom. II, p. 554.
[2] Traité de minéralogie, tom. III, pag. 328.

autres. Si le morceau de succin se soutient à la surface, c'est un signe que la lessive est assez concentrée : le contraire a lieu s'il gagne le fond.

La réfraction du succin est simple. Sa structure, sous le rapport de l'optique, a été comparée avec celle du diamant. Le docteur Brewter, qui s'est livré à des expériences à ce sujet, a trouvé des analogies singulières entre ces deux substances.

L'électricité du succin est résineuse ; cette propriété très-remarquable se manifeste par le frottement. Le succin devient par là susceptible d'attirer et de repousser des pailles et autres petits corps légers qu'on lui présente. Cette propriété était déjà connue des anciens. Thalès de Milet, l'un des sept philosophes de la Grèce, en était si frappé qu'il s'imaginait que le succin avait une ame [1]. Pline paraît entrer dans cette idée, lorsqu'il dit que le succin est animé par la chaleur, *accepta caloris anima*, pour exprimer la vertu attractive que le frottement communique à cette substance [2]. On a retrouvé, depuis, la même propriété dans une multitude d'autres corps,

---

[1] Priestley, Hist. de l'électricité, tom. I.er, p. 2.
[2] Plin., *Hist. nat.*, *lib. XXXVII*, c. 3.

où elle a développé des phénomènes bien plus merveilleux ; ce qui a produit une des plus belles branches de la physique, que l'on a nommée *électricité*, du nom grec de la substance qui en avait offert le premier exemple.

Action du calorique sur le succin ; action de l'eau, de l'alcool, des acides, des alcalis, des huiles fixes et des huiles volatiles.

Lorsqu'on expose le succin à une chaleur de 90 à 100° R., il se ramollit, et si la température dépasse 100°, il se liquéfie, se boursoufle et perd sa transparence. En redevenant solide par le refroidissement, il n'offre plus les mêmes propriétés qu'auparavant, ayant éprouvé un commencement de décomposition. Cette circonstance empêche qu'on ne puisse, par la fusion, réunir plusieurs morceaux de succin pour en former de plus grandes masses.

A une chaleur plus élevée encore et avec le contact de l'air, il s'enflamme et répand une fumée très-épaisse et très-odorante. Cette fumée est très-agréable aux Orientaux ; ils la prodiguent dans les temples et dans les palais des grands seigneurs.

Lorsqu'on approche le succin d'une chandelle allumée, il brûle avec une flamme jaune-

verdâtre, et dépose, par sa combustion, un
résidu charbonneux que l'incinération réduit
avec peine en une terre brune, sans saveur,
et tant soit peu ferrugineuse.

D'une demi-livre de succin Bourdelin n'a
obtenu que quatre grains et demi, et une
autre fois douze grains de cette terre[1]. C'est
peut-être à cette petite quantité de fer que
le succin doit sa consistance et ses couleurs
plus ou moins jaunes ou brunes.

Le succin est insoluble dans l'eau. Il paraît
cependant, d'après les expériences de Gehlen,
que ce liquide n'est pas tout-à-fait sans action sur le succin. Ce chimiste a fait bouillir
long-temps du succin dans de l'eau, et après
avoir ensuite concentré cette eau par l'évaporation, il y reconnut de l'acide succinique
par le moyen des réactifs. Cette expérience
prouve en même temps que cet acide se rencontre, au moins en partie, tout formé dans
le succin[2]. L'alcool ne tire, à la longue, du
succin qu'une teinture assez faible et peu
chargée, quoique colorée d'un jaune assez
sensible. Lorsqu'on ajoute de l'eau à cette

---

[1] Mém de l'Acad. roy. des sciences de Paris, 1742, p. 192.
[2] Klaproth et Wolff, *Chem. Wœrterbuch*, *erster Band*, page
302.

teinture, elle devient laiteuse et dépose la résine par l'évaporation du menstrue. Ce précipité était connu autrefois dans les pharmacies sous le nom de *magisterium succini*.

Hoffmann a obtenu une teinture plus forte, en faisant digérer dans l'alcool un mélange à parties égales de succin et de potasse pulvérisés. [1]

L'addition du camphre favorise singulièrement la solution du succin dans l'alcool ; mais il faut, pour cet effet, que le succin soit réduit en une poudre très-fine qu'on a long-temps exposée à l'air, pour qu'elle s'oxide et qu'elle devienne plus soluble. On triture ensuite cette poudre avec un peu de camphre ; on ajoute l'alcool et on fait digérer le mélange dans un bain de sable. C'est au moyen de ce procédé qu'on prépare avec le succin un vernis à l'esprit de vin, très-utile dans les arts. [2]

Heyer a prouvé que l'alcool extrait du succin une matière résineuse particulière : de 16 onces de succin blanc ce chimiste a obtenu,

---

[1] *De essent. succini præstantissima ; in observat. phys. chem.*, pag. 54.

[2] Vœlcker, *OEconomisch-technische Mineralogie*, tome I, pag. 335.

par des extractions répétées, deux onces ￼
sept grains de cette matière. [1]

Les acides affaiblis n'attaquent point le su￼
cin. Les acides sulfurique et nitrique concer￼
trés le réduisent, à l'aide de la chaleur, e￼
une masse résineuse noire et d'une odeur d￼
soufre.

La dissolution du carbonate de potasse o￼
de soude, ainsi que celle de la potasse ou d￼
la soude caustique, attaquent le succin et ￼
dissolvent presque entièrement au moyen d￼
l'ébullition, et le mettent dans un état s￼
vonneux. Cette observation, faite par Fré￼
Hoffmann [2], se trouve confirmée par les exp￼
riences de Thomson [3]. Fourcroy [4] assure qu'o￼
peut réunir deux morceaux de ce bitume e￼
les enduisant d'une dissolution de potass￼
et en les rapprochant après les avoir chauff￼

Les acides précipitent le succin de cet￼
solution de potasse : si, au lieu d'eau, on en￼
ploie de l'esprit de vin pour faire la solutio￼
de potasse, celle-ci se fait mieux et elle n'e￼
point décomposée par l'eau. En la laissa￼

[1] Heyer, *Chem. Versuche mit Bernstein; Erf.*, 1787.

[2] *Observ. phys. chem.*, p. 60.

[3] *System of chemistry*, vol. IV, p. 323.

[4] Système des connaissances chimiques, tom. 8, p. 255.

évaporer à l'air, elle prend la consistance d'un baume épais et clair; et l'on peut, avec cette matière, enduire des substances végétales et autres corps, qui ressemblent alors parfaitement aux corps étrangers renfermés naturellement dans le succin. Il faut avoir soin de faire sécher chaque couche avant d'y en appliquer une nouvelle.[1]

On a prétendu que le succin n'est soluble dans les huiles fixes que lorsqu'il a été auparavant fondu ou torréfié et réduit en poudre; mais l'expérience a prouvé que ces mêmes huiles ramollissent le succin brut au moyen de l'ébullition et le dissolvent peu à peu. En se servant d'une huile siccative, comme, par exemple, de l'huile de lin, il en résulte une masse tenace, de la consistance de la glu.

Fr. Hoffmann[2] a trouvé que, lorsqu'on fait bouillir pendant une heure dans la marmite de Papin une partie de succin et deux parties d'huile d'amandes douces, on obtient une masse uniforme et transparente. C'est sur la solubilité du succin dans les huiles grasses qu'est fondée la préparation du *vernis au succin* ou *vernis anglais*. On a long-temps fait un secret de la manière de le préparer.

---

[1] John, ouvr. cité, pag. 344.
[2] Ouvrage cité, pag. 203.

En 1736, Fr. Hoffmann[1] a fait connaître
un procédé qu'on regarde généralement
comme un des meilleurs : le voici. Après avoir
fondu le succin dans un creuset, on le laisse
refroidir ; on le pulvérise ensuite ; on mêle
cette poudre avec l'huile de lin préparée avec
l'oxide de plomb , et on fait bouillir le mélange; sur la fin on ajoute l'huile de térébenthine. On laisse le tout en digestion pendant
quelque temps, ensuite on passe la masse à
travers un linge. Sur une livre de succin on
prend une demi-livre d'huile de lin préparée,
et une livre et demie d'huile de térébenthine.
Par l'addition de matières colorantes on peut
lui donner différentes couleurs. Ce vernis est
très-solide, il se sèche assez promptement, et
offre les mêmes propriétés que le succin : c'est
proprement un succin régénéré, car il paraît
que l'huile remplace dans le succin les particules volatiles qu'il perd par la fusion. Il
peut servir à enduire des ouvrages en bois,
en fer-blanc, en cuivre jaune, surtout des
instrumens de physique, soit pour en conserver le poli et le lustre, soit pour les garantir
de l'humidité et de la rouille. Parmentier[2] a

---

[1] Ouvrage cité, pag. 203.
[2] Annales de chimie, vol. LVI, p. 234.

publié une autre manière de préparer le
vernis au succin avec l'huile de lin, sans
addition d'huile de térébenthine. Dans tous
ces procédés on recommande de fondre ou de
torréfier le succin; mais on obtient, suivant
le professeur John [1], un vernis bien plus beau
et plus clair, en employant le succin dans son
état naturel et réduit en poudre.

Les huiles volatiles, et notamment l'huile
de térébenthine, dissolvent le succin au moyen
d'une douce chaleur long-temps continuée.
On réussit à faire un assez beau vernis avec
l'huile de térébenthine seule : pour cet effet,
on arrose du succin réduit en poudre avec
de l'huile de térébenthine ; on agite le tout,
et on l'expose dans une soucoupe de porcelaine à une douce chaleur, en agitant de
temps en temps le mélange. A mesure qu'il
commence à se dessécher, on ajoute de l'huile
de térébenthine qu'on a eu soin de faire
chauffer, et on continue ainsi jusqu'à ce que
le succin soit dissous. [2]

---

[1] Ouvrage cité, pag. 3o5.

[2] Supplément au Dictionnaire de chimie de Macquer, par
M. Struvé, pag. 33r.

Produits de la distillation du succin; nouvelle analyse chimique; succin artificiel.

Les travaux chimiques dont le succin a été l'objet, nous ont appris qu'il est formé en grande partie d'une matière huileuse combinée à un acide particulier, appelé *acide succinique.* C'est au moyen de la distillation qu'on retire ces deux substances. L'opération fournit d'abord un phlegme acide, qui contient de l'acide acétique, suivant Schéele. L'acide succinique se sublime ensuite et s'attache au col de la cornue; après cela on voit passer dans le récipient une huile d'abord jaunâtre, qui devient brune vers la fin de l'opération; enfin il reste dans la cornue un résidu noir et charbonneux, qui renferme quelques particules de fer, au témoignage de Pott[1]. Cette même opération fournit aussi du gaz hydrogène carboné et du gaz acide carbonique. Cent parties de succin donnent communément soixante et quinze parties d'huile, et quatre parties d'acide concret.

L'huile de succin, de même que l'acide succinique concret, ainsi obtenus, ne sont pas encore tout-à-fait purs. La première ren-

---

[1] Mémoires de l'Acad. de Berlin, 1753, p. 54.

ferme des particules acides ; le second est souillé de particules huileuses : en conséquence il faut les purifier.

Pour ce qui regarde l'huile, on commence par l'édulcorer avec de l'eau, et on la distille de nouveau en y ajoutant un peu d'eau et des cendres : de cette manière on obtient l'huile de succin rectifiée (huile pyro-succinique). Celle qui passe la première dans le récipient, est blanche ; c'est la plus fine : vient ensuite, en augmentant successivement le feu, une huile jaune, moins fine, moins pénétrante et moins chère. Les artistes vétérinaires et les peintres font usage de cette dernière.

L'huile de succin blanche a beaucoup d'analogie avec les huiles volatiles ; elle en a l'odeur et la volatilité. Sa pesanteur spécifique est de 0,80, celle de l'eau étant égale à 1. Elle est inflammable et susceptible de former des savons avec les substances alcalines. C'est ainsi que de son union avec l'ammoniaque caustique il résulte une espèce de savon liquide, d'un blanc laiteux, d'une odeur très-pénétrante, connu sous le nom d'*eau de Luce*, ainsi appelé en l'honneur d'un apothicaire de Lille, nommé Luce, qui l'a préparé le premier au commencement du dernier siècle.

L'huile de succin rectifiée se change, par
le contact de l'acide nitrique concentré, en
une matière résineuse qui sent fortement le
musc, ainsi que Marggraf[1] l'a démontré le
premier, et qu'on a appelée pour cette raison
musc artificiel. Elle présente une couleur jaunâtre et se dissout parfaitement dans l'alcool.
La proportion la plus convenable est une
partie d'huile sur trois ou quatre parties
d'acide.

L'huile de succin dissout aussi le soufre à
l'aide de la chaleur d'un bain de sable, et
constitue un médicament connu sous le nom
de *baume de soufre succiné.*

Enfin, l'huile de succin se distingue de
l'huile de pétrole et des huiles fixes, avec lesquelles on l'a falsifiée quelquefois, par la propriété qu'elle a de se dissoudre dans l'alcool.

Pour purifier l'acide succinique et pour le
débarrasser des particules huileuses qui y ad-
hèrent encore, on le dissout, suivant Lowitz[2],
dans de l'eau bouillante, en y ajoutant une
certaine quantité de poudre de charbon ; on
fait bouillir la liqueur, et on la fait passer à
travers un filtre saupoudré de charbon. La

---

[1] *Chemische Schriften*, erster Band, p. 246.

[2] Crell, *Chem. Annal.*, 1793, erster Band, p. 32.

liqueur filtrée est tout-à-fait claire et limpide; elle se cristallise par refroidissement.

Guyton-Morveau a proposé de distiller cet acide avec de l'acide nitrique; par ce moyen on l'obtient très-pur et en très-beaux cristaux.[1]

L'acide succinique cristallisé offre des prismes triangulaires dont les pointes sont tronquées; souvent il se présente en tables minces, groupées les unes sur les autres : il se conserve à l'air.

On parvient encore à purifier l'acide succinique par le moyen de la sublimation, en y ajoutant de l'argile qui retient les parties huileuses, ou bien en le saturant de chaux. On décompose ensuite ce succinate de chaux par l'acide sulfurique, et l'on soumet l'acide succinique, devenu libre, à une nouvelle sublimation. L'acide succinique sublimé est communément appelé *sel volatil de succin*. Il a un goût piquant et rougit la teinture de tournesol. Il est soluble dans vingt-quatre parties d'eau froide et dans deux parties d'eau bouillante; il se dissout aussi dans l'alcool. On le prépare en grand à Kœnigsberg. Ce sont les tourneurs en succin qui s'occupent de ce travail, et ils emploient pour cela les

---

[1] Encyclop. méthod., mot *Acide*.

rognures qui leur restent. On raffine aussi l'acide succinique en Hollande, et, selon Ferber [1], il y est souvent falsifié, soit avec du muriate d'ammoniaque, soit avec du tartrite acidulé de potasse, avec du muriate de soude, de l'acide sulfurique, du sucre, etc. Mais la chimie nous offre les moyens de reconnaître cette fraude.

Le sel volatil de succin a été regardé pendant quelque temps comme un sel alcali. Barchusen [2] et Boulduc [3] père sont les deux chimistes qui, vers la fin du dix-septième siècle, ont reconnu la nature acide de ce sel. Fr. Hoffmann [4], Sendelius [5] et Neumann [6] l'ont comparé à l'acide sulfurique, parce qu'on trouve fréquemment le succin dans des terrains vitrioliques et alumineux. Bourdelin [7] l'a rapporté à l'acide muriatique, parce que la plus grande partie du succin se retire de la mer. Sage [8] l'a trouvé analogue à l'acide

---

[1] *Neue Beytr. zur Mineralgesch. versch. Lænder*, t. I, p. 309.

[2] *Pyrosophia; Lugd. Bat.*, pag. 264.

[3] Mém. de l'Acad. roy. des sciences de Paris, 1699, p. 54.

[4] *Observ. phys. chem.*, pag. 200.

[5] Ouvrage cité.

[6] Chimie méd., tom. I.er, pag. 263 ; tom. II, p. 964.

[7] Mémoires de l'Acad. royale des sciences, 1742, pag. 50.

[8] Élém. de minéral. docim., tom. I.er, pag. 105.

phosphorique. Pott[1] et Bergmann[2], enfin, lui ont découvert tous les caractères d'un acide végétal huileux.

On prend ordinairement l'acide succinique pour un produit de la distillation. Il est vrai que la majeure partie de cet acide se forme de cette manière; cependant on ne peut s'empêcher d'admettre qu'il en préexiste une partie dans le succin, ainsi que Wiegleb[3] et Guyton-Morveau[4] l'ont annoncé. Nous avons observé plus haut que Gehlen a trouvé des traces d'acide succinique dans une décoction de succin dans l'eau. La présence d'un acide se manifeste souvent dans les teintures de succin, et M. Vogelsang, pharmacien à Bonn, a obtenu, par voie humide, des cristaux d'acide succinique, en forme d'étoiles, d'une très-belle couleur blanche[5]. Mais c'est surtout le professeur John[6] qui a démontré, par une série d'expériences très-ingénieuses, que l'acide succinique préexiste dans le succin, et qu'aucune des parties constituantes de ce bi-

---

[1] Mém. de l'Acad. de Berlin, tom. IX.

[2] *Opusc. physico-chem.*, vol. III.

[3] *Chem. Versuche üb. die alcal. Salze ; Berlin*, 1774; p. 151.

[4] Encyclop. méthod.

[5] Tromsdorf, *Journ. der Pharmacie, B. XIV*, §. 2, p. 180.

[6] Ouvrage cité, pag. 434.

tume ne fournit la moindre trace d'acide succinique par la distillation. Il résulte aussi de
ses expériences que l'acide succinique (comme
probablement tous les acides végétaux) contient de l'azote; enfin, qu'il existe une espèce
d'affinité entre certaines résines et certains
acides, affinité dont on n'avait aucune con-
naissance auparavant.

Uni aux bases salifiables, l'acide succinique
forme des sels particuliers et cristallisables,
qu'on appelle *succinates*, dont le plus impor-
tant est celui d'ammoniaque. Ce sel décompose toutes les solutions de fer, et donne un
précipité insoluble de succinate de fer. Il est
utile, d'après cela, pour l'analyse des minéraux. L'attraction de l'acide succinique pour
les alcalis et les terres est constamment dans
l'ordre suivant : la baryte, la chaux, la potasse, la soude, la magnésie, l'ammoniaque,
la glucine et l'alumine. Son action sur les
métaux n'est pas encore suffisamment connue.
Ses parties constituantes sont le carbone, l'hydrogène et l'oxigène, dans des proportions qui
n'ont pas encore été déterminées. C'est à Stockar
de Neuforn [1] que nous devons des expériences
très-importantes sur l'acide succinique et sur

[1] *De succino in genere*, etc., pag. 19.

les sels formés par cet acide. Ces expériences ont été confirmées par Léonhardi. [1]

Dans une analyse chimique récemment instituée avec la plus grande exactitude par le professeur John [2], ce savant a découvert dans le succin une substance particulière qu'il a appelée *succinin*. Outre l'acide succinique, il y a trouvé une résine aromatique, une substance balsamique et plusieurs sels.

Cent parties de succin blanc de Prusse lui ont fourni ces principes dans les proportions suivantes ; savoir :

Succinin............................	74,00
Résine aromatique...............	20,00
Acide succinique.................	4,00
Substance balsamique...........	0,50
Muriate de soude...............	
Muriate d'ammoniaque.........	
Succinate de chaux............	
Succinate de potasse et de soude.	1,00
Phosphate de chaux............	
Succinate de fer................	
Eau..............................	0,50
Total.....	100,00

Le succinin est sans odeur et sans saveur : sa

[1] *Programma de salibus succineis; Lips.*, 1775.

[2] Ouvrage cité, pag. 373.

couleur répond à celle du succin d'où il provient ; il offre l'aspect d'une poudre opaque ; jeté dans la flamme d'une bougie, il s'enflamme et produit des éclairs. Exposé à la chaleur, il se ramollit sans se fondre : si l'on continue la chaleur ou qu'on l'augmente, il commence à se carboniser ; il exhale des vapeurs, et forme une huile épaisse, jaune ou brune, un peu d'eau chargée d'acétate d'ammoniaque, mais sans trace d'acide succinique.

Le succinin résiste à beaucoup de réactifs qui dissolvent la résine. Ni l'éther, ni l'alcool, ni la plupart des huiles volatiles, ni l'eau, ne l'attaquent. Par une digestion continuée pendant quelques semaines dans l'huile de térébenthine, à une température de 25 à 50° R., il se dissout en partie. Il est soluble dans les huiles grasses, lorsque celles-ci sont échauffées jusqu'au degré de l'ébullition. L'acide sulfurique concentré le dissout aussi. Les alcalis ne jouissent pas de cette propriété : cependant, si l'on se sert d'alcool alcalisé, une très-petite portion de succin s'y dissout ; mais elle se précipite bientôt par le refroidissement.

Le succinin paraît se rapprocher un peu de la nature des résines. Ses parties constituantes sont beaucoup de carbone, d'hydrogène et d'oxigène, et peu d'azote.

La résine qu'on retire du succin est sans odeur, et d'une saveur faible, mais caractéristique. Sa couleur dépend de celle du succin d'où elle a été tirée. Elle est transparente, lorsqu'elle a été dépouillée de l'eau par la fusion. Chauffée, elle répand une odeur désagréable et fond facilement. Par la distillation, elle ne fournit point d'acide succinique; mais une huile aromatique, un peu d'eau chargée d'acétate d'ammoniaque, et les gaz ordinaires des végétaux. Elle est insoluble dans l'eau; l'alcool la dissout au moyen de la chaleur, et forme une solution claire, de la couleur du succin. Cette solution se décompose par le refroidissement; elle se conserve lorsqu'elle renferme des alcalis. Cette dernière, évaporée jusqu'à la consistance de sirop, peut servir avec avantage pour enduire différens objets. L'éther sulfurique, les huiles grasses et volatiles dissolvent facilement la résine du succin; mais elle est insoluble dans l'huile de pétrole rectifiée. Elle se dissout dans les alcalis liquides et en est précipitée par les acides. Ses parties constituantes sont le carbone, l'oxigène, l'hydrogène et très-peu d'azote.

Enfin, la substance balsamique du succin offre une couleur jaune ou brunâtre; sa saveur est amère, un peu âcre et salée. L'alcool

et l'eau la dissolvent facilement : elle est in
soluble dans l'éther pur ; mais, si ce dernie
contient de l'eau ou de l'alcool, la solutio
peut s'effectuer. Exposée à la chaleur, elle s
dessèche et forme une masse luisante, jaun
ou brune, qui attire l'humidité.

Le professeur John a soumis à l'analys
diverses autres variétés de succin, tant de l
Prusse que de la Sibérie, ainsi que le suc
cin de Halle, et une espèce de succin ter
reux qu'il a découvert dans les mines d
houille de Walberberg près de Brühl e
que les ouvriers prenaient pour du soufre
Elles ont toutes offert les mêmes principe
constituans, à quelque différence près dan
les proportions. Dans plusieurs il n'a trouvé
l'acide succinique qu'en très-petite quantité
et toujours sous forme aqueuse, sans pou
voir être cristallisé. C'est à ces dernières va
riétés qu'il a particulièrement appliqué l
nom de succin commun.

Rien ne prouve donc mieux la grande ana
logie du succin avec les sucs végétaux que
son analyse chimique. En effet, d'après ce
qui vient d'être dit, nous voyons qu'il n'est
dans le succin aucun principe qui n'offre la
plus grande affinité avec quelqu'un des principes prochains des végétaux. Les plus remar-

quables sont l'acide succinique et le succinin.
Le premier se rapproche infiniment de l'acide
gallique, et l'autre a une si grande ressemblance avec le copallin et le pollenin (principes prédominans du copal et du pollen des
fleurs), qu'il est difficile de déterminer les
caractères distinctifs de ces substances. En
général, le copal, les baumes naturels, le
benjoin et les sucs laiteux des végétaux, renferment des principes analogues au succin :
c'est ce qui a porté le professeur John à croire
que les arbres à succin laissaient couler autrefois, de leurs vaisseaux, le succin dans le
même état de mixtion où nous le trouvons
aujourd'hui. Il prend le succin pour un suc
laiteux, épaissi et non altéré, c'est-à-dire
qui, depuis sa formation et pendant tout le
temps qu'il a été renfermé dans l'intérieur de
la terre, n'a éprouvé de changement essentiel
qu'à sa surface, lorsque celle-ci s'est trouvée
exposée à l'action des acides ou des sels.

Un motif qui fait présumer à M. John que
les arbres à succin appartenaient aux végétaux lactescens, c'est que l'expérience apprend
que des plantes qui charient dans leurs vaisseaux des principes résineux, unis à des substances insolubles qui se rapprochent de la
nature des résines, fournissent constamment

des sucs laiteux, comme, par exemple, les euphorbes, la chondrilla, les figuiers, l'arbre qui produit le caoutchouc, etc.

S'il arrive que l'eau qui sert de véhicule à ces combinaisons, s'évapore lentement à l'air et au soleil, les sucs résineux qui restent, deviennent transparens; si, au contraire, l'évaporation est retardée dans un air humide et nébuleux, les masses paraissent opaques et blanches. Ceci s'applique avec beaucoup de vraisemblance au succin; car on sait que le succin blanc, quand on le fait chauffer pour que l'humidité s'en évapore, devient sur-le-champ transparent. Le succin de Sibérie, selon M. John, est surtout très-propre à cette expérience. L'action des rayons du soleil sur le succin transparent et blanc, en développant, suivant le même chimiste, le carbone, et en oxidant la petite portion de succinate de fer qu'il contient, peut changer sa couleur en jaune foncé ou brun.

On a souvent agité la question de savoir si le succin pouvait être imité par l'art. Plusieurs chimistes se sont occupés de cet objet et ont décrit des procédés propres à y réussir. Libavius[1] recommande de faire bouillir de la té-

---

[1] *Alchemia, l. II, cap. XXX, p.* 174; *Francof.,* 1597.

rébenthine dans de l'huile d'olive jusqu'à la consistance d'une masse épaisse, qu'on coule dans des formes pour la laisser refroidir : elle représente alors un corps dur ressemblant au succin. Linné rapporte qu'on peut faire un succin artificiel, en faisant bouillir ensemble une partie d'huile d'asphalte et une partie et demie de térébenthine : la masse ressemble parfaitement au succin, sans cependant avoir l'odeur qui caractérise cette substance lorsqu'elle est frottée. Mais on voit facilement que le résultat de cette opération n'est qu'une térébenthine cuite, parce que l'huile d'asphalte se volatilise entièrement par la coction. Martinús raconte, dans son Voyage en Chine, que les Chinois possèdent le secret de préparer, avec la résine des pins, une masse parfaitement analogue au succin.

Enfin, nous avons cité plus haut l'expérience de M. Hermbstædt, qui prétend avoir produit un succin artificiel en mettant en contact, pendant quelques mois, de l'huile de pétrole rectifiée avec du gaz oxigène.

Quoi qu'il en soit, en réfléchissant sur la composition chimique du succin, on sentira aisément que nous ne parviendrons jamais à imiter un suc qui est le produit de l'organisation végétale.

6

Technologie du succin ; ses usages dans les ar[t]
et dans la médecine.

L'art de tailler le succin ou de le mettr[e]
sur le tour, et de le polir pour en faire d[e]
bijoux et autres ouvrages, paraît avoir é[té]
pratiqué déjà anciennement chez les Grecs [et]
les Romains. Suivant le savant Millin [1], l[e]
colliers dont il est fait mention dans l'Odyssé[e]
étaient d'or avec des plaques de succin er[?]
châssées. Selon le témoignage de Pline [2], o[n]
fabriquait, de son temps, toutes sortes d[e]
vases en succin, des images, des bijoux, d[e]
colliers, des bracelets, qu'on préférait mêm[e]
aux pierres précieuses, parce qu'on se per[?]
suadait que cette substance, portée extérieu[re]
rement sur le corps, avait une influence fa[?]
vorable à la santé.

Claudianus [3] décrit les colonnes de succi[n]
du temple de Cérès, et Sammoniacus [4] parl[e]
de gobelets en succin. Dans les collection[s]
de Kœnigsberg on conserve des coraux e[t]
autres objets en succin qu'on a trouvés dan[s]

---

[1] Minéralogie homérique, p. 57.
[2] *Hist. nat.*, l. *XXXVII, cap.* 3.
[3] *De rapt. Proserp.*, lib. *I, v.* 243. *In celsas surgunt electr[?]
columnas.*
[4] *Cap. LXXII : Produnt electri rorantia pocula viros.*

les urnes sépulcrales et les vieux tombeaux
des Romains.

Mais cet art a été beaucoup perfectionné
dans les temps modernes : c'est particulièrement à Dantzick, à Kœnigsberg, à Stolpe,
à Elbing et dans quelques autres villes de la
Prusse, qu'on s'en occupe avec succès. Les
tourneurs en succin y forment des tribus
particulières et jouissent de certains priviléges.
La tribu de Dantzick est la plus ancienne ;
elle est composée de cinquante maîtres et de
vingt-cinq compagnons : le nombre en est
encore plus fort à Kœnigsberg. La tribu de
Stolpe fabrique annuellement pour plus de
50,000 écus d'ouvrages en succin.

Pendant mon séjour à Dantzick j'ai visité
plusieurs de ces artistes, et j'ai recueilli d'eux
quelques détails sur les différens procédés
technologiques qu'ils ont coutume de suivre.

Les outils dont ils se servent ne diffèrent
guère de ceux des tourneurs ordinaires ; mais,
pour donner des facettes à certains objets,
comme aux coraux, etc., ils emploient une
pierre semblable à la pierre à rasoir, qu'ils
font venir de la Suède et sur laquelle ils les
repassent. Ils achèvent le poli en frottant les
pièces avec de la craie et de l'eau, ou de
l'huile d'olive, au moyen d'un morceau de

flanelle. Il arrive souvent que le succin s'e
chauffe, se fend, se casse ou s'enflamme pen
dant ce travail. Pour prévenir ces acciden:
il faut l'interrompre de temps en temps e
changer de pièces; car le succin se refroid
très-vîte, à mesure qu'il perd son électricit
qui est vivement excitée par le frottement.

Pour réunir plusieurs pièces en une seule
ils font usage d'un lut composé de gomm:
mastic, d'huile de lin et de litharge, ou bie
ils enduisent les endroits où la réunion doi
se faire, avec de l'huile de lin, et tiennen
la pièce pendant quelque temps au-dessu
du feu. De cette manière ils raccommoden
aussi des pièces cassées.

Ils donnent de la transparence à des pièce
troubles ou opaques, en les faisant cuire pen
dant deux jours à petit feu dans de l'huil
de lin, de navette ou de colzat. Il faut qu
l'huile ne soit chauffée que peu à peu, e
qu'elle se refroidisse de même. Cette méthod
fut découverte dans le dix-septième siècl
par un artiste de Kœnigsberg.

Quelques-uns ont aussi coutume d'enve
lopper les pièces dans du papier, et de le
laisser pendant quarante-huit heures sous le
cendres chaudes ou dans un bain de sable.

Souvent ils colorent le succin; mais il fau

qu'il soit parfaitement transparent. Pour cet effet, ils le font bouillir dans l'huile jusqu'à ce qu'il commence à se ramollir; ils dissolvent ensuite une matière colorante dans de l'huile qu'on échauffe fortement sans la faire bouillir, et ils l'ajoutent au succin : on entretient la chaleur pendant une demi-heure, afin que la matière colorante pénètre dans le succin aussi profondément que possible ; on le laisse ensuite refroidir peu à peu. Il est à remarquer que Pline[1] a déjà fait connaître cette manière de colorer le succin; car il recommande de le faire bouillir dans de la graisse de porc et d'y ajouter de la racine de buglosse.

Selon quelques chimistes, le succin jaune peut être converti en blanc par le moyen du sel marin. Schrœder[2] dit qu'il faut faire bouillir une livre de succin jaune et deux livres de sel de cuisine avec suffisante quantité d'eau de pluie, dans un vaisseau de terre, pendant quatorze jours et autant de nuits. Si le succin est un peu poreux et parsemé de beaucoup de petites fentes, on conçoit facilement que l'eau peut y pénétrer, ce qui fait

---

[1] *Hist. nat.*, l. *XXXVII*, cap. 2 et 3.

[2] *Pharm. med. chym.*, lib. *III*, 30.

changer la réfraction des rayons lumineux.

Quelques artistes prétendent posséder l'art de couler le succin ; mais ils en font un secret. On assure qu'il existe au cabinet des curiosités à Dresde quelques ouvrages coulés en succin. Peut-être n'est-ce qu'un succin artificiel. Cependant, comme le succin se ramollit dans les huiles au moyen de l'ébullition, il serait possible de le mouler dans cet état, quoique cela me paraisse difficile à exécuter : il faudrait opérer dans l'huile bouillante même ; car, aussitôt qu'on en retire le succin, il devient dur et cassant.

On sait tirer parti de ce bitume pour un grand nombre d'usages. On en fabrique des objets d'art, de luxe et d'utilité : comme, par exemple, des coraux à facettes de toute grandeur, des colliers, des boucles d'oreilles, des bracelets, des étuis, des cachets, des boutons, des clefs de montre, des pommes de canne, des fiches et des marques de jeu ; des aunes de Prusse très-ingénieusement faites, avec un petit ruban qui se dévide, le tout n'étant pas plus gros que le pouce. On en fabrique encore des chapelets, des croix, des cœurs, des boîtes, des vases de toute espèce, des becs pour les pipes, des lustres, des miroirs ardens, des flûtes ; des plaques pour différens meubles, comme tables, armoires, buffets, commodes, cadres à miroir, etc.

On en fait des images et des tableaux : j'en ai vu en haut et en bas-relief, exécutés avec le plus grand soin, et représentant des traits d'histoire.

On choisit ordinairement, pour ces sortes d'ouvrages, du succin d'une belle couleur jaune, tant à cause de sa beauté, que parce qu'il est plus dur que le succin blanc.

Les morceaux les plus transparens servent à faire des lentilles pour les microscopes, ou des prismes qui réfléchissent les plus belles couleurs de l'iris.

Le commerce de ces objets est très-étendu. Il a lieu principalement par Livourne, en Turquie, en Égypte, et de là en Perse, en Chine et au Japon, où le succin est compté parmi les objets les plus rares et les plus précieux.

Les Danois et les Italiens exportent une grande partie de succin brut, sur lequel ils gagnent la main-d'œuvre. Les Anglais en vendent à Venise, à Smyrne et à Alexandrie. La ville de Dantzick fournit une grande quantité de succin brut à Constantinople, où on le travaille, et depuis 1807 elle a établi aussi des relations avec la France. Paris nous offre aujourd'hui des tourneurs en succin, et c'est de leurs mains que sortent quantité de bijoux qui se vendent à un très-haut prix, et qui disputent souvent le rang aux diamans et aux pierreries. Les dames, en effet, ne sauraient choisir des bijoux plus utiles, sous bien des rapports, plus agréables et moins dispendieux.

A Catane, en Sicile, on façonne le succin de mille manières comme ornement. Celui que fournit l'île ne suffisant pas à l'industrie des ouvriers, ils en achètent une partie à l'étranger. Ils le travaillent, soit au tour, soit au burin. Avec ce dernier instrument, les artistes de Trapani, plus habiles que ceux de Catane, gravent des figures et des paysages sur des lames très-minces de succin, qu'on incruste ensuite dans divers meubles. [1]

Dans les cabinets de curiosités et dans les palais des princes on rencontre souvent des objets d'ameublement, des décorations et autres effets précieux en succin. Le roi de Prusse possède un miroir ardent d'un pied de diamètre, et un service d'assiettes, de cette substance, dont chaque pièce est estimée à quelques milliers d'écus. On assure qu'un prince électoral de Prusse a donné un régiment de dragons pour une armoire de succin.

---

[1] Ouvrage cité de l'abbé Ferrara, sur le succin de Sicile.

On cite une colonne de dix pieds de hauteur, et un très-beau lustre de la même matière, qui se trouvent dans le cabinet du duc de Florence. [1]

A Tzarskojeczelo, château de plaisance de l'empereur de Russie (bâti par l'impératrice Catherine II), on voit, au rapport de Coxe [2], un sallon entièrement revêtu et richement incrusté de grandes plaques de succin qui furent données à cette princesse par le roi de Prusse. Cette décoration produit un effet merveilleux.

Dans le cabinet des curiosités à Copenhague on conserve plusieurs modèles de vaisseaux en succin, des lustres de la plus grande beauté, et surtout une toilette supérieurement travaillée. [3]

Je me rappelle avoir vu, en 1803, à Paris, au Muséum d'histoire naturelle, une petite maisonnette, et au cabinet d'histoire naturelle de feu M. Gigot d'Orcy, un petit rouet à filer, de trois pouces de hauteur, aussi en succin, et je ne pus assez en admirer la beauté et la finesse du travail.

Le cabinet de curiosités de Berlin, au rap-

---

[1] Valmont de Bomare, Minéralogie, tom. II, p. 443.

[2] Voyage au Nord, tom. II, p. 93.

[3] J. Carr, Voyage cité.

port du professeur John[1], possédait aussi un
petit rouet à filer de la même substance, que
son grand-père avait fabriqué ; mais il fut
enlevé par les Français en 1807, et transporté
à Paris avec beaucoup d'autres objets d'arts
J'ignore si, dans ces derniers temps, il est
retourné à sa première destination.

Je conserve dans mon cabinet une petite
figure sculptée en succin de couleur jaune
de miel, représentant un prêtre de l'ancienne
Prusse, et provenant sans doute des temps où
ce pays était encore adonné au paganisme :
du moins la vétusté de cette pièce, assez cu-
rieuse, n'est point à méconnaître.

Pour terminer l'histoire du succin, il me
reste à parler de son usage dans l'art de
guérir. Les anciens médecins, en général, en
ont fait grand cas, et l'ont recommandé dans
beaucoup de maladies comme tonique et antispasmodique. Mais ces vertus sont illusoires ;
car, n'étant pas soluble dans nos humeurs, il
ne détermine aucune sécrétion sensible dans
l'économie animale : aussi n'est-il plus employé
aujourd'hui intérieurement en substance.

Les vapeurs du succin sont stimulantes, for-
tifiantes et résolutives. On en fait usage dans

---

[1] Ouvr. cité, pag. 293.

les affections arthritiques et paralytiques : pour
cet effet, on jette du succin en poudre sur
une brique chaude, et on en dirige la fumée
sur la partie qu'on se propose de soumettre
à son action, ou bien on la frotte avec de la
flanelle imprégnée de ces vapeurs. Ce moyen
a été particulièrement recommandé par le célèbre Hufeland [1]. Les odeurs fortes produisent
souvent des accès d'épilepsie, et c'est par cette
raison, comme l'a remarqué Van-Swieten [2],
qu'on exposait anciennement les esclaves à
la vapeur du succin et du jaïet, pour savoir
s'ils n'étaient point sujets à cette maladie.

Les médecins égyptiens, suivant le rapport
de M. Larrey [3], recommandent fortement l'u-
sage des bijoux de succin aux femmes et aux
enfans. Selon eux, un collier et des bracelets d'ambre jaune, qui, d'ailleurs, sont
un ornement d'un aspect agréable, prévien-
nent, chez les femmes, les affections vapo-
reuses. Ils prétendent aussi que le succin est
un remède contre les affections vermineuses
des enfans, et détourne d'eux, lorsqu'ils en
portent une certaine quantité, les courans
électriques qui, dans les temps d'orage, peu-

---

[1] *Journal der prakt. Heilkunst*, 1809, *IIter Band, p.* 91.
[2] *Comment. in Boerh. aphor.*, tom. III, p. 411.
[3] Ouvrage cité, tom. III, p. 94.

vent les incommoder. Ce raisonnement s'ac-
corde-t-il avec les observations et les résul-
tats de l'expérience ?

On a tiré parti de la propriété électrique
du succin pour attirer des pailles et autres
petits corps légers entrés dans les yeux.

Si Hartmann [1] nous assure qu'un morceau
de succin poli, porté à la nuque, attira par
sa force électrique l'humidité de la partie, cet
auteur s'est fait illusion en attribuant à la
force de cette substance ce qui n'était qu'un
effet naturel de la condensation de l'humeur
transpirable par un corps froid.

Quoique le succin, pris intérieurement en
substance, ne jouisse pas de vertus particulières, il fournit cependant à la médecine
différentes préparations qui ne laissent pas
d'avoir de l'utilité. Telles sont la teinture de
succin, l'huile de succin rectifiée, l'eau de
Luce, le musc artificiel, le baume de soufre
succiné, l'acide succinique et la liqueur de
corne de cerf succinée.

La teinture de succin peut être employée
comme un excitant dans les affections arthritiques et rhumatismales chroniques, dans
l'hystérie et l'hypocondrie. Elle agit à peu

---

[1] Ouvr. cité, *l. II, cap.* 2, *p.* 222.

près comme la teinture de gaïac. La dose est
de 40 à 100 gouttes.

La Pharmacopée de Prusse fait mention
d'une teinture éthérée de succin (*tinctura
succini ætherea*), qui se fait par une digestion froide, pendant quelques jours, du succin dans l'éther sulfurique. On la recommande comme un bon stimulant volatil, dont
on peut se servir dans tous les cas où l'usage
de l'éther sulfurique est indiqué. La dose est
de trente à cinquante gouttes.

L'huile de succin rectifiée agit à la manière
des huiles empyreumatiques en général : elle
est très-excitante. Lamotte l'a recommandée
dans les syncopes des accouchées ; Rush[1] l'a
employée avec succès contre le tétanos, à la
dose de cinq à quinze gouttes. Cullen[2] l'a
trouvée utile dans plusieurs cas d'épilepsie,
d'hystérie et d'autres affections spasmodiques :
elle n'agit comme emménagogue que dans le
cas où l'aménorrhée peut être considérée
comme faisant partie de l'affection spasmodique. On l'a aussi employée avec succès dans
la paralysie de la vessie, tant intérieurement
à la dose d'une à deux gouttes, qu'extérieu-

---

[1] *Mem. of the med. society of Lond., vol.* 11, 1787.

[2] *Mat. méd.,* trad. de Bosquillon, tom. II, p. 382.

rement en frictions sur le périné. Le professeur Chapman [1] la recommande dans le hoquet des fièvres nerveuses, dans le pyrosis ou fer chaud, lorsqu'il est accompagné de spasme. Unie à l'ammoniaque, on s'en est servi extérieurement en frictions contre les tumeurs froides et les engelures.

On assure que Fréderic le grand, roi de Prusse, avait coutume de mettre de l'huile de succin dans ses mets. Était-ce peut-être dans l'intention de stimuler l'énergie vitale ?

L'eau de Luce, *aqua Luciæ*, est un des stimulans volatils les plus actifs. On peut le donner intérieurement dans les fièvres nerveuses et autres maladies de mauvais caractère, connues sous le nom de typhus, ainsi que dans les apoplexies asthéniques et dans toutes les espèces d'asphyxies. On commence par quelques gouttes, qu'on augmente successivement jusqu'au nombre de vingt et même soixante, et qu'on prend, dans une cuillerée de vin, alternativement avec d'autres remèdes appropriés. Appliqué extérieurement, ce remède agit comme un irritant très-puissant, dont on peut faire usage dans les paralysies.

[1] *Discourses on the elements of therapeutic and materia medica; Philadelphia*, 1817.

Dans les défaillances et les asphyxies, on l'approche des narines, dont il stimule les nerfs, et par les secousses qu'il excite il ranime le mouvement des fluides et fait revenir les malades. Par ce même procédé on réussit aussi à prévenir ou à chasser les accès de la toux convulsive [1]. Mais c'est principalement contre les accidens occasionés par la morsure de la vipère que l'eau de Luce s'est acquis une certaine renommée. On connaît l'histoire de cet étudiant qui fut mordu par une vipère pendant une herborisation à Montmorency, et que Bernard de Jussieu guérit par l'eau de Luce qu'il lui fit prendre intérieurement et dont il lava la partie mordue. [2]

Le *musc artificiel* a été particulièrement recommandé par Hufeland comme un remède capable de remplacer le musc naturel. Ce médecin prétend en avoir observé de très-bons effets dans les affections spasmodiques, et notamment dans la coqueluche. Il le donne dans un lait d'amandes avec un sirop agréable. [3] Plusieurs autres médecins assurent l'avoir em-

---

[1] Douglas, *Med. observ. and inquiries*, *by a Society of physicians at London*, vol. VI.

[2] Hist. de l'Acad. des sciences de Paris, année 1747.

[3] Hufeland, *Bemerkungen über die Blattern*, p. 441 ; *Berlin*, 1798.

ployé avec avantage dans différentes maladies
nerveuses, même dans le tétanos et l'épilepsie.[1]
J'ai cependant de la peine à me persuader
qu'une espèce de résine, telle que le musc
artificiel, puisse agir sur l'organisme de la
même manière que le musc naturel, qui est
un produit animal doué d'une grande volatilité, et dont les parties constituantes sont très-
différentes de celles des produits végétaux.

Le baume de soufre succiné, que l'on donne
à la dose de quelques gouttes dans des bois-
sons appropriées, ou mêlé avec d'autres substances pour en former des pilules, a eu du
succès dans les affections humorales et pituiteuses de la poitrine, des reins, etc.

L'acide succinique, qui a beaucoup d'analogie avec l'acide benzoïque, est regardé
comme un excitant béchique, diaphorétique
et diurétique. Boerhaave le met à la tête des
antihystériques et des diurétiques.[2]

C'est surtout dans les affections pituiteuses
de la poitrine, dans diverses maladies nerveuses de nature chronique, telles que les
convulsions, les paralysies, l'épilepsie, l'hys-

---

[1] Reineck, *Dissertatio sistens momenta quædam de moscho
naturali et arte facto*; Jen., 1784, in-4.°

[2] Boerhaave, *Element. chemiæ*, tom. II, *procœm.*, 87.

térie., l'ischurie spasmodique , la goutte se=
reine et l'apoplexie nerveuse, dans les exan-
thèmes répercutés, dans les métastases gout=
teuses, etc., qu'il est utile. La dose est de
deux à dix grains, et plus. On l'administre,
soit en pilules, soit en poudre avec du sucre,
ou dissous dans du vin, dans une eau distil-
lée aromatique.

On fait, avec l'acide succinique liquide et
l'opium, un sirop appelé sirop de karabé,
qu'on a employé comme calmant, anodin et
antispasmodique.

L'acide succinique concret ou le sel volatil
de succin, associé au musc, est un moyen
très-efficace pour combattre les accidens de
la gangrène sénile. On trouve dans Lentin.[1]
une observation remarquable à ce sujet. Il
s'agit d'une femme âgée de soixante-huit ans,
qui s'enfonça dans le pouce un petit éclat
de bois. Il s'y manifesta soudain un état d'in-
flammation auquel succéda la gangrène. Le
quinquina, le vin, l'opium avaient été infruc-
tueusement administrés. La malade était en
proie aux plus cruelles insomnies; on était
près d'opérer l'amputation du bras, quand
le docteur Lentin lui fit prendre des pilules

[1] *Beytrage zur ausübenden Arzneywiss.*, IIter B., p. 223.

composées de cinq grains de sel volatil de succin et de huit grains de musc, incorporés dans un extrait. Toutes les trois heures on en administrait une dose pareille. Bientôt la malade alla mieux, et sans le prix excessif de ce médicament la guérison eût été plus prompte encore.

Enfin, le succinate d'ammoniaque pyro-huileux (esprit ou liqueur de corne de cerf succiné), qui résulte de l'union saturée de l'acide succinique avec l'ammoniaque pyro-huileuse, est compté parmi les excitans les plus énergiques, et peut être employé à peu près dans les mêmes cas que l'eau de Luce, mais particulièrement dans le typhus, si la poitrine est affectée; dans les fièvres exanthématiques, si l'éruption menace de rentrer ou si elle a déjà disparu; dans la goutte répercutée, dans l'hystérie, dans l'asthme de Millar, dans la coqueluche, etc. La dose est de vingt à soixante gouttes dans un véhicule convenable. On l'associe, suivant les circonstances, au camphre, à l'opium, à la teinture de valériane, etc.

FIN.

TABLE DES MATIÈRES.

NOTICE

Sur les Ouvrages publiés par l'auteur.

TRAITÉ sur le camphre, considéré dans ses rapports avec l'histoire naturelle, la physique, la chimie et la médecine, avec une planche du *laurus camphora*, L.; Paris et Strasbourg, chez Levrault, 1803, in-8.°

> Cet ouvrage a été favorablement annoncé dans le Magasin encyclopédique de M. Millin, n.° 5, Thermidor an XI, pag. 125. Il a été traduit en italien, à Naples, avec des notes du professeur Sementini, et cité avec éloges dans le Dictionnaire des sciences médicales, article *Camphre*.

ESSAI d'une minéralogie alsacienne, économico-technique, ou distribution méthodique de toutes les substances minérales et fossiles qui se trouvent dans la ci-devant Alsace, avec indication de leurs principaux caractères, de leurs gisemens et localités, des travaux des mines et du produit de leur exploitation, des ateliers, manufactures et fabriques y relatives, ainsi que des applications et des usages de ces mêmes substances dans les arts, l'agriculture, l'économie domestique, la médecine, l'art vétérinaire, etc., avec une carte minéralogique de l'Alsace ; Strasbourg, chez L. Eck, 1806, in-8.ᶜ

> Cette minéralogie, dit le professeur Willemet, de Nancy, dans l'analyse qu'il en a faite dans la Bibliothèque physico-économique de Sonnini, 1807, pag. 141, fait infiniment honneur à l'auteur par la clarté, la concision, les grandes recherches et l'immense quantité d'espèces qu'elle renferme; leur utilité, leur qualité, et spécialement l'indication des endroits où elles se trouvent, etc.
>
> Le Bulletin des sciences médicales, Novembre 1807, en annonçant ce même ouvrage, s'exprime ainsi:
>
> « Faire connaître le sol sur lequel on habite, l'analyser

« complétement, pour ainsi dire, n'est-ce pas la
« meilleure manière de poser les bases d'une bonne
« constitution médicale ? Il serait à désirer que l'on
« pût étudier ainsi tous les départemens de la France.
« L'ouvrage de M. Graffenauer est très-complet : la
« lecture n'en est point fatigante, comme celle de la
« plupart des traités d'histoire naturelle; il a su mêler
« à l'énumération des substances minérales quelques
« détails sur les arts, les manufactures et même sur
« l'histoire du pays. »

LETTRES écrites en Allemagne, en Prusse et en Pologne
dans les années 1805, 1806, 1807 et 1808, contenant
des observations statistiques, historiques, littéraires,
physiques et médicales, etc.; Paris et Strasbourg, chez
Amand Kœnig, 1809, in-8.°

L'auteur a suivi dans cet ouvrage un plan pour ainsi
dire neuf, et qui mérite d'être imité. Il conduit le lec-
teur, comme par la main, dans tous les pays qu'il a
parcourus. Tantôt il trace les tableaux topographiques
des lieux les plus remarquables où son devoir l'a conduit, tantôt il esquisse rapidement les principaux événemens militaires dont il a été témoin; enfin, il communique des détails curieux sur tout ce qui peut inté-
resser un voyageur observateur et philosophe. C'est
ainsi que l'auteur a tâché de tirer parti de tout et de
réunir l'utile à l'agréable. Cette manière d'écrire semble
plus profitable que lorsqu'on se borne à un seul objet;
les fréquens épisodes qui s'y rencontrent, reposent la
mémoire et captent l'attention : d'ailleurs chacun y
trouve son compte; le médecin, le naturaliste, le phy-
sicien, le littérateur et l'homme du monde liront cet
ouvrage avec un égal intérêt. Dans le peu de pages que
l'auteur a consacrées au Wurtemberg, dit le Feuilleton
français, littéraire et politique, publié à Stuttgard,
n.° 97, lundi 25 Décembre 1809, nous avons trouvé
plus de choses exactes que dans les nombreux voyages
qui inondent l'Allemagne tous les ans, et nous recom-
mandons son livre à tous ceux qui veulent véritablement s'instruire.

Une traduction allemande de cet ouvrage a paru à Chemnitz en Saxe, en 1811, sous le titre suivant : *Meine Berufsreise durch Deutschland, Preussen und das Herzogthum Warschau, in den Jahren* 1805, 1806, 1807 *und* 1808, *von J. P. Graffenauer,* etc. (Voyez la Gazette littéraire de Halle, Mai 1813.)

Il n'est pas superflu de remarquer que, l'auteur ayant eu l'honneur d'offrir son ouvrage à feu S. M. le roi de Wurtemberg, ce prince, protecteur des sciences et des arts, a daigné lui en témoigner sa satisfaction par une lettre très-flatteuse, accompagnée d'une tabatière en or, émaillée et garnie de diamans. (Voyez Courrier de Strasbourg, 11 Février 1810.)

TOPOGRAPHIE physique et médicale de la ville de Strasbourg, avec des tableaux statistiques, une vue et le plan de la ville ; chez Levrault, 1816, in-8.°

Cet ouvrage n'est point écrit pour les médecins seulement ; il intéresse les différentes classes de citoyens, tant par la variété que par l'utilité des objets qui y sont traités. On y trouve surtout l'analyse de tous les arrêtés et réglemens de police relatifs à l'hygiène publique, ainsi qu'une foule de notices statistiques, qui ont d'autant plus de mérite qu'elles sont tirées des sources les plus authentiques. Les journaux littéraires en ont parlé le plus avantageusement. L'auteur, dit le *Morgenblatt* du 6 Novembre 1816, n.° 267, a bien mérité de sa patrie par la description exacte de la ville de Strasbourg et de ses nombreux établissemens ; son ouvrage est très-utile sous beaucoup de rapports.

La Topographie de M. Graffenauer, suivant le Journal général de médecine, par Sédillot, tom. 59, pag. 380, est à mettre au rang des meilleurs modèles qu'on puisse proposer à ceux qui voudraient tenter un ouvrage du même genre. Elle remplit une lacune essentielle dans la littérature médicale, au jugement du rédacteur des Annales générales de médecine (*Allg. med. Annalen*), Juillet 1817. Elle appartient, disent les Annonces littéraires de Gœttingue, 26 Juillet 1817, aux meilleures topographies médicales qui aient été publiées

dans ces derniers temps : aucun médecin ne la lira sans
en retirer quelque fruit. Nous trouvons surtout que le
chapitre des maladies est si bien fait, que nous ne pou-
vons nous empêcher de manifester le désir qu'il soit
traduit en allemand tout entier, pour être inséré dans
quelque journal de médecine.

Copie de la lettre de S. M. le Roi de Bavière, à l'auteur.

« M. le Docteur Graffenauer, j'ai reçu, avec la lettre que
« vous m'avez écrite, votre ouvrage sur la Topographie
« physique et médicale de la ville de Strasbourg. Les mo-
« mens agréables que j'ai passés dans cette ville, et les
« marques d'affection que j'ai reçues de ses habitans,
« doivent vous être le plus sûr garant du plaisir et de
« l'intérêt avec lesquels je l'ai lu. En vous témoignant
« ma sensibilité de votre attention, je suis bien aise
« de pouvoir vous assurer à cette occasion des senti-
« mens de bienveillance avec lesquels je prie Dieu
« qu'il vous ait, M. le D.ᵣ Graffenauer, en sa sainte
« garde. Munic, le 20 Février 1817. MAXIMILIEN-
« JOSEPH. » (V. Courrier de Strasbourg, Février 1817.)

Extrait d'une lettre de M. le Chevalier de Gouroff, à l'auteur.

Saint-Pétersbourg, le $\frac{27\ Janvier}{8\ Février}$ 1819.

« Monsieur,

« Je me suis procuré votre excellente Topographie physique
« et médicale de la ville de Strasbourg. C'est un des meil-
« leurs livres publiés dans ce genre-là, et il serait bien
« à désirer que la France en eût un semblable pour
« toutes ses grandes villes. Plusieurs de vos observa-
« tions, Monsieur, enrichiront l'ouvrage dont je m'oc-
« cupe par ordre de S. M. l'Impératrice-mère, sur les

« hospices d'enfans trouvés dans les grandes capitales
« de l'Europe. Pourrais-je vous demander, sur les en-
« fans trouvés de Strasbourg, quelques renseignemens
« que vous avez omis, parce qu'ils n'entraient pas dans
« votre plan ? (*Suit une série de questions.*) Le carac-
« tère de bienveillance qui règne dans votre ouvrage
« m'a encouragé à vous adresser ces questions, et puis
« j'ai compté sur ce sentiment universel qui donne pour
« ainsi dire à tous les gens de lettres une même patrie,
« et les dispose à se servir mutuellement, surtout lors-
« qu'il s'agit des intérêts de l'humanité.

« J'ai l'honneur d'être, etc. »

DE GOUROFF,
Conseiller, et Chevalier de plusieurs
ordres.

www.ingramcontent.com/pod-product-compliance
Lightning Source LLC
Chambersburg PA
CBHW071501200326
41519CB00019B/5829